カラー版

「水」が教えてくれる東京の微地形の秘密

内田宗治
Muneharu Uchida

JIPPI Compact

実業之日本社

MAP◆東京周辺広域
荒川
新河岸川
岩淵水門
竹ノ塚
中川
綾瀬川
成増
赤羽
東武練馬
東武東上線
石神井川
北千住
荒川
練馬
田端
隅田川
池袋
妙正寺川
御茶ノ水
上野
高田馬場
平井
神田川
阿佐ケ谷
高円寺
中野
秋葉原
錦糸町
神田
新宿
四ツ谷
東京
小名木川
神田川
京王線
原宿
下北沢
京王井の頭線
渋谷
小田急線
豊洲
古川
新木場
目黒川
東名高速道路
東急東横線
品川
お台場海浜公園
大崎
田園調布
武蔵小杉
呑川
東急東横線
多摩川
蒲田
京急蒲田
日吉
羽田空港国内線ターミナル
東海道新幹線
川崎

北朝霞・朝霞台
小手指
柳瀬川
新座
黒目川
所沢
山口貯水池
（狭山湖）
野火止用水
清瀬
西武池袋線
村山貯水池
（多摩湖）
東村山
久米川
ひばりヶ丘
白子川
石神井公園
玉川上水
小川
小平
田無
東伏見
上石神井
西武拝島線
玉川上水
西武新宿線
善福寺公園
武蔵小金井
東小金井
武蔵境
三鷹
吉祥寺
荻窪
西国分寺
国分寺
国立
立川
JR青梅線
善福寺川
西荻窪
JR中央線
井の頭公園
神田川
日野
府中
白糸台
西武多摩川線
野川
分倍河原
府中本町
甲州街道
仙川
千歳烏山
高幡不動
中央自動車道
京王線
調布
聖蹟桜ヶ丘
多摩川
大栗川
成城学園前
多摩センター
多摩ニュータウン
登戸
小田急線
新百合ヶ丘
溝の口
東急田園都市線
鷺沼
境川
JR横浜線
鶴見川
町田
恩田川
青葉台
境川

青梅
多摩川
羽村取水堰
JR八高線
山口貯水池
(狭山湖)
箱根ケ崎
JR青梅線
村山貯水池
(多摩湖)
武蔵五日市
福生
残堀川
玉川上水
西武拝島線
拝島
JR五日市線
玉川上水
秋川
JR青梅線
立川
日野
中央自動車道
西八王子
甲州街道
八王子城跡
豊田
JR中央線
八王子
高幡不動
浅川
京王線
高尾
小仏峠
大栗川
多摩センター
多摩ニュータウン
多摩境
津久井湖
橋本
JR横浜線
境川
MAP◆東京周辺広域
相模川
宮ケ瀬湖
中津川

目次

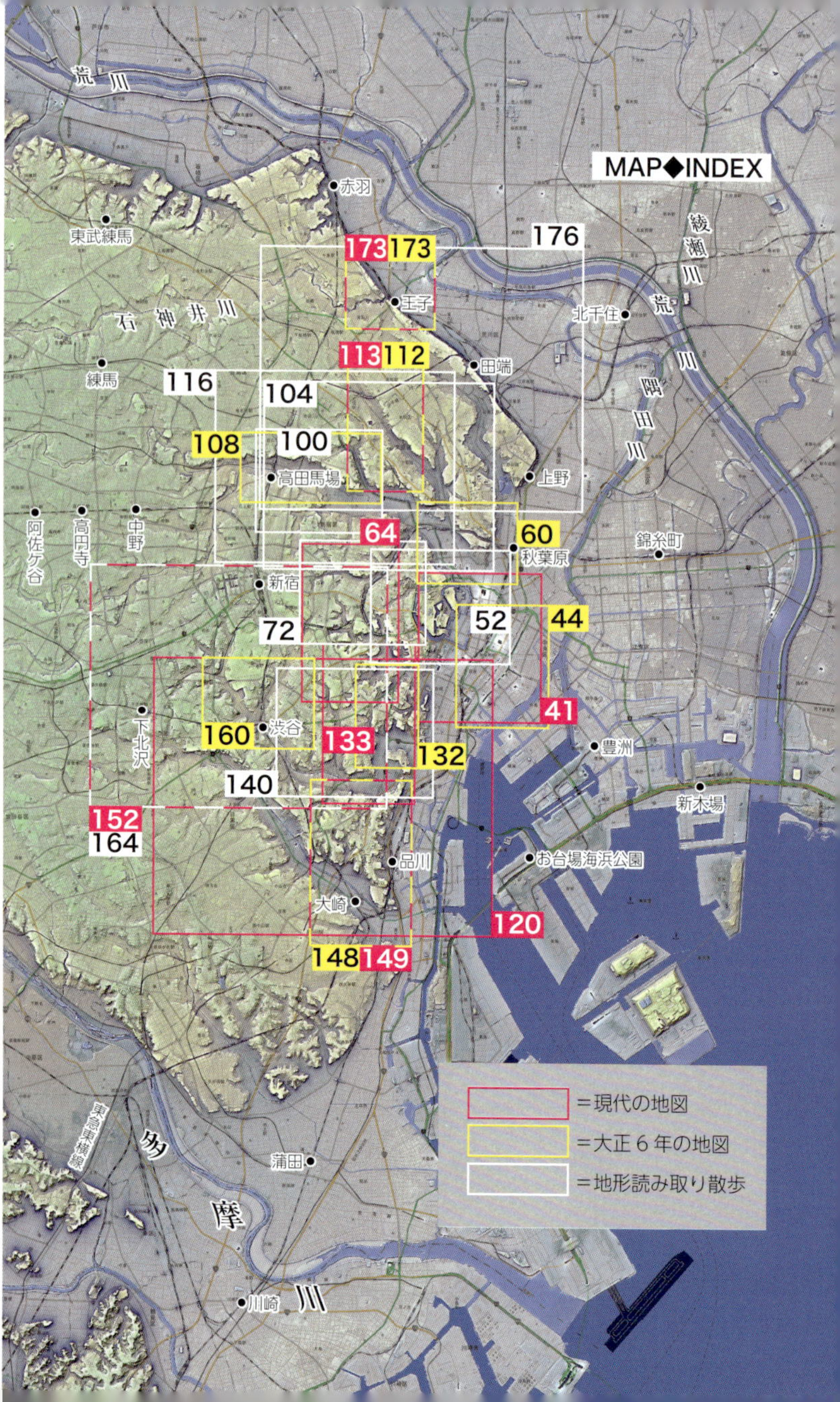
MAP◆INDEX
荒川
赤羽
東武練馬
石神井川
練馬
綾瀬川
荒川
隅田川
北千住
王子
田端
上野
高田馬場
秋葉原
錦糸町
阿佐ケ谷
高円寺
中野
新宿
下北沢
渋谷
豊洲
新木場
お台場海浜公園
品川
大崎
蒲田
多摩川
川崎
東急東横線
173 173 176 113 112 116 104 108 100 64 60 52 44 72 41 160 133 132 140 152 164 120 148 149
＝現代の地図
＝大正６年の地図
＝地形読み取り散歩

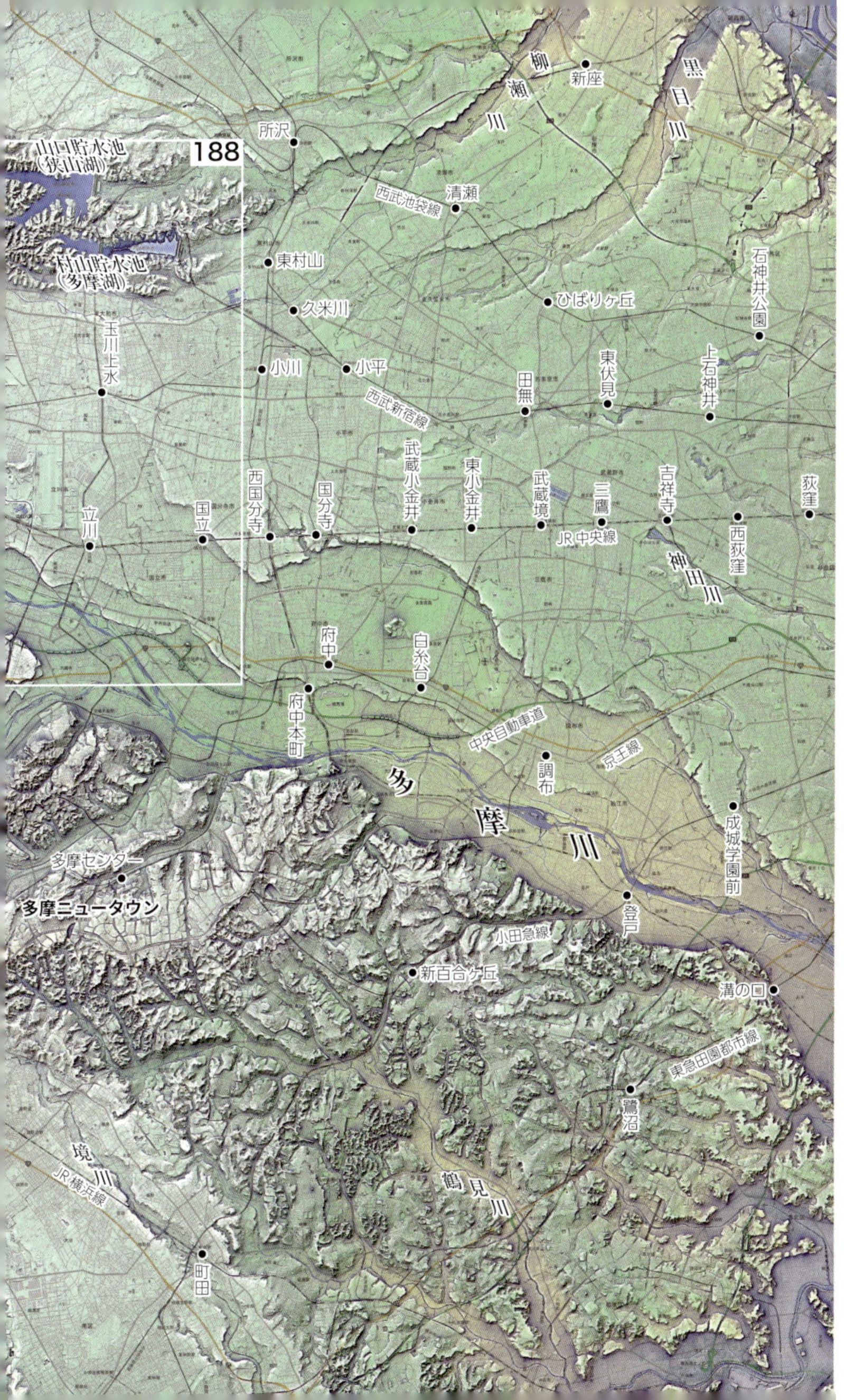
188
山口貯水池
（狭山湖）
村山貯水池
（多摩湖）
柳瀬川
新座
黒目川
所沢
清瀬
西武池袋線
東村山
石神井公園
ひばりヶ丘
久米川
玉川上水
小川
小平
田無
東伏見
上石神井
西武新宿線
西国分寺
国分寺
武蔵小金井
東小金井
武蔵境
三鷹
吉祥寺
荻窪
立川
国立
JR 中央線
西荻窪
神田川
府中
白糸台
府中本町
中央自動車道
京王線
調布
多摩川
成城学園前
多摩センター
多摩ニュータウン
登戸
小田急線
新百合ヶ丘
溝の口
東急田園都市線
鷺沼
境川
JR 横浜線
鶴見川
町田

#【MAP INDEX】

本書は真面目に事実に則して、東京の地形の奥深さ、「水」の流れが造った地形の面白さを述べていこうとするものだが、この「はじめに」だけ、若干の空想、妄想を記すことを許していただきたい。

ＪＲ山手線原宿駅に隣接して広がる明治神宮。境内の神宮御苑《ぎょえん》内に清正井《きよまさのいど》（１５２ページ地図参照）と呼ばれる井戸がある。井戸といってもよく見かける手動ポンプなどで汲み上げるものではなく、自噴していて、こんこんと湧き出ている。閑静な神社林の中にあることもあり、神秘的ムードがあたりに満ちている。

平成21年にテレビでこの井戸がパワースポットとして紹介されてから大人気となった。井戸の写真を携帯の待ち受けにするとパワーがもらえるという話が伝わり、写真を撮るために連日長時間待ちの行列ができたことでも話題を集めた。ガラケーからスマホの時代になっても人気が続いていて、今も訪れる人が多い。

清正井からの湧水は境内を流れ下り、神域である明治神宮から町中に出た時点で、まだホヤホヤといった感じのパワーをみなぎらせていることだろう。原宿駅ホームの真下を横切り、かつては現在の「ブラームスの小径《こみち》」や「フォンテーヌ通り」の部分を流れていた。

ところが前回の東京オリンピック（昭和39年）の直前、山手線ホームをくぐった先の流れは、竹下通りの地下に造られた下水路に流されるようになった。すぐ近くに並行する道の地下へ移されたのである。水が流れなくなった川の跡は埋められてブラームスの小径（当時は無名）などへとなり、竹下通りの地下に、まだ新鮮なパワーいっぱいの水が導かれるようになった。

するとどうだろう。それまでとくに変わりばえのしない商店が並んでいた竹下通りには、みるみるうちに女の子向けの店が軒を連ねだし、全国から少女、若い女性がやって来るストリートへと変貌してしまった。一時期は、アイドルタレントスカウトの聖地とまでいわれるほどとなった。これはパワースポットからの水の御利益に違いない。パワースポットからの水の力、おそるべし！

日本には各地に「聖なる水」や「神水」関連の言い伝えがある。ある池の水や湧水で身を清めたら、不治の病が治癒した、顔を洗ったら眼病が治ったといった例である。

実際竹下通りが殷賑《いんしん》を極めるのは、下水路が敷かれたすぐ後の昭和40年代半ばからである。たまたま時期が一致したというのが真相なのだろう。言い伝えは病気治癒が多く、竹下通りのように、その水によって商売繁盛、街が賑わいだしたといった例はあまり聞かない。だが、清正井周辺の神聖な雰囲気に浸っていると、こうした妄想が自然と湧いてきてしまう。

妄想はこのへんにとどめるとして、明治神宮の清正井周辺の地形に注目してみよう。境内本殿近くにある清正井からの流れは、300メートルほど先の南池《なんち》に注ぐまでの間、小さな谷を作っている。その谷は「花菖蒲田《はなしょうぶだ》」と呼ばれ、菖蒲が多数植えられていることで有名だ。見渡す限り緑の中をサラサラと小川が流れ、初めてここを訪れた時、都心にもこんな所があったのかと、とても驚いたのを思い出す。

その昔、地面の大半がコンクリートやアスファルトで覆われる以前、そこには土の台地が広がっていた。雨が降ると水が低い方へ流れ、その際、台地を侵食していく。年月をかけて谷は深くなり、尾根筋もはっきりとしてくる。現在の都心では、地形が自然に変化していくことはほとんどなくなってしまったが、かつては水の流れが土地の姿を変えてきた。

清正井からの小川は、新宿御苑から流

明治神宮内の清正井。奥の丸い井戸の真下から水が溢れ出ている

渋谷川源流部の清正井の谷。他の支流の源流も昔はこんな光景だろう

れてきた渋谷川と合流して、渋谷駅前へと流れていた（152ページ地図参照）。表参道とクロスするキャットストリートは、渋谷川の跡である。そういえばキャットストリートも流行の発信地のようなパワーある店が並ぶ。坂道の多い渋谷の地形も、この渋谷川とその支流により造られた。

小規模な起伏に富んだ「微地形」は都心部に数多く見られる。坂道があちこちにあるエリアは、山手線の内側だけでも、六本木や麻布、麹町、市谷各町、白金、高輪、上大崎、青山、赤坂、渋谷、神宮前、千駄ケ谷、本郷、小石川、目白台、雑司が谷、白山、田端、谷中など数多い。かつてこうした地域には、清正井周辺のような光景がいたる所で見られたことだろう。清正井の谷は明治神宮の中にあるので宅地化を免れた。他の前記エリアも宅地化される前は、清正井周辺の姿に似ていたはずである。木々に囲まれた緩やかな谷があり小川がのどかに流れていた。こうしたエリアを散策する時、清正井付近の光景を頭に描けば、今いる場所の江戸時代以前の姿をかなり明確に想像できるだろう。

＊

つくづく感じるのは、東京の地形は日本全国の都市の中でも、トップクラスの魅力に満ちているということである。奇跡のような地形だとも思う。奇跡の内容は、江戸城の築城過程や玉川上水などの例で触れていくが、その他、川の流れが変わった謎かけのような地点もあるし（第四章）、川一つ隔てて、できた台地の時代が異なり、それによって坂道や谷筋の姿がまったく異なっていたりする場所もある（第三章）。徳川幕府が大規模な都心の地形改造を行っていて、改造以前の姿や工事の過程を推理する楽しみまで備わっている。

その場所の歴史や地形の成り立ちを知ってから出かけると、散歩がますます楽しくなる。本書では、地形を造った川の流れをキーワードとして、それにまつわる歴史などに触れながら話を進めていこうと思う。

現代の凸凹地図に加えて、大正時代（約百年前）の地図にも、現代の地形データによる凸凹を加えてみた。それにより過去の姿がより分かりやすくなるので、痕跡を発見する楽しみも加わる。散歩の友として、また机上の楽しみとして、地図と地形と歴史の醍醐味の一端を、本書で味わっていただければ幸いである。

竹下通り。休日には前に進むのが困難なほど賑わうことも

＊

本書は、既刊の小著『凸凹地図でわかった！「水」が教えてくれる東京の微地形散歩』をベースとして、本文、図版とも大幅に加筆変更したものである。

MAP◆城北の現在
谷田川～藍染川の谷
中山道
谷中
本郷通
不忍池
上野駅
中央通
秋葉原駅
山手線・京浜東北線ほか
昭和通
神田川
隅田川

城北の現在

Ⓐ山手線の東側（ページ右下側）には、平坦な東京低地（沖積低地）、いわゆる下町が広がる。縄文時代の一時期など海だったエリアである（→31ページ参照）。

Ⓑ高田馬場方面（ページ左上）から神田川の谷が伸びる。江戸時代より前、この川は現在の日本橋川方面へと流れていた。

Ⓒ御茶ノ水付近では、本郷台を割るようにして神田川と線路が通っている。ここは江戸時代に切り開かれた（→54ページ参照）。

Ⓓ谷中付近を流れていた藍染川の谷の上流は、元は石神井川に繋がっていた。だが地形上の大事件が起きて、石神井川の流れがやってこなくなる（→169ページ参照）。

MAP◆大正６年の城北
谷田川〜藍染川の谷
中山道
谷中
第一高等学校
本郷通
東京帝国大学
上野公園
不忍池
上野駅
中央通
万世橋駅
秋葉原貨物駅
松浦邸
神田川
浜町川
両国橋駅
隅田川
竪川
水天宮

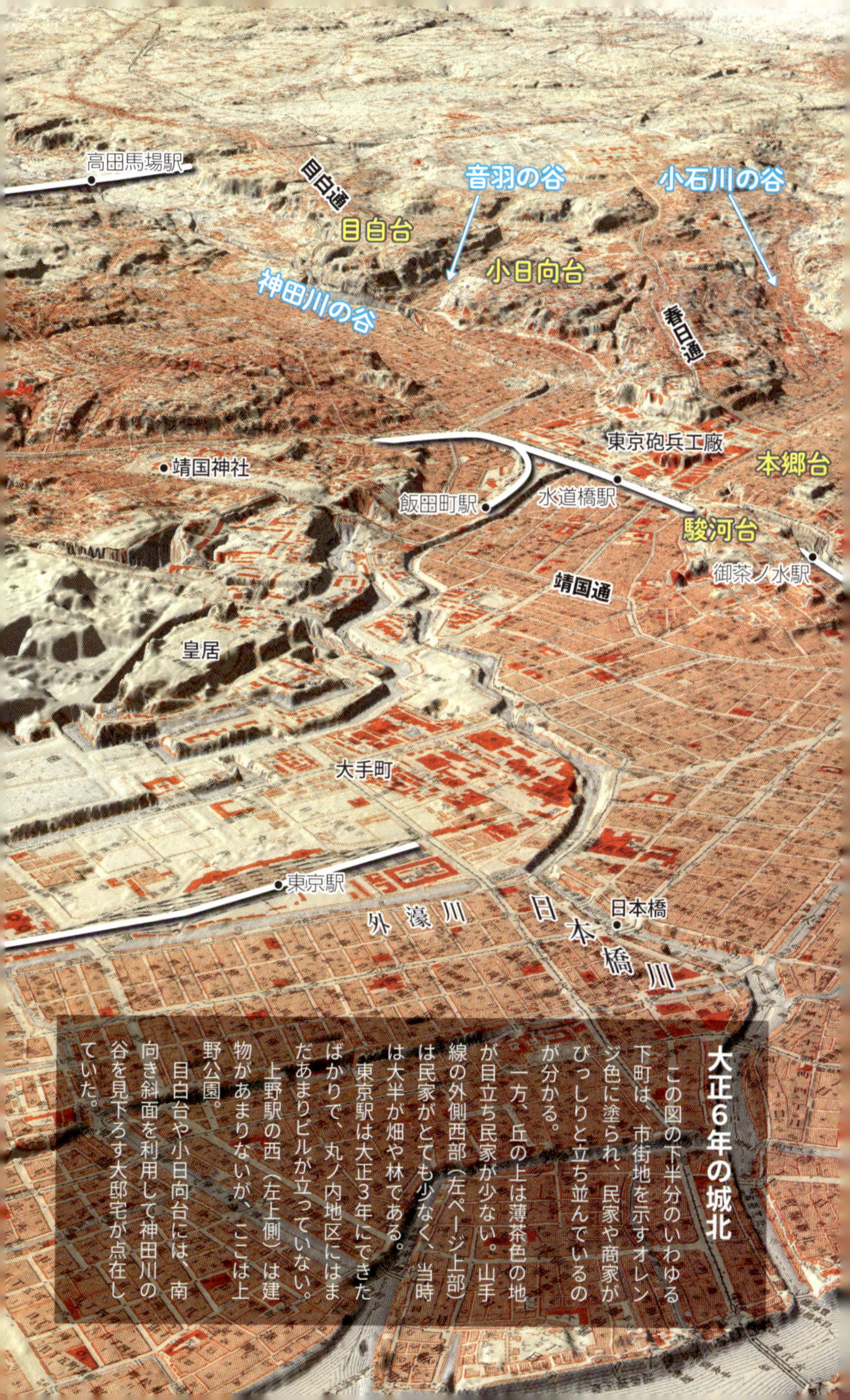

大正6年の城北

この図の下半分のいわゆる下町は、市街地を示すオレンジ色に塗られ、民家や商家がびっしりと立ち並んでいるのが分かる。

一方、丘の上は薄茶色の地が目立ち民家が少ない。山手線の外側西部（左ページ上部）は民家がとても少なく、当時は大半が畑や林である。

東京駅は大正3年にできたばかりで、丸ノ内地区にはまだあまりビルが立っていない。

上野駅の西（左上側）は建物があまりないが、ここは上野公園。

目白台や小日向台には、南向き斜面を利用して神田川の谷を見下ろす大邸宅が点在していた。

城南の現在

古川の谷の両側に、飯倉台地、麻布台地、高輪台地、白金台地が続いている。これらは、侵食が進んだ「古い台地」で、方向もばらばらに谷が入り込んでいる。この一帯、いわゆる山手特有の文化は、そうした坂と丘と谷の複雑な地形の影響が色濃い（↓122ページ参照）。

古川は天現寺橋より上流では渋谷川と名が変わる。渋谷駅付近から上流は暗渠となるが、明治神宮内からのパワー水などが流れていた（↓11ページ参照）。

四ツ谷駅は、かつての外濠の中にある。

明治神宮
原宿駅
明治通
渋谷駅
青山通
恵比寿駅
渋谷川
麻布台地
天現寺橋
自金台地
高輪皇族邸
仙洞仮御所
桜田通
高輪台地
泉岳寺
第一京浜
高輪ゲートウェイ駅

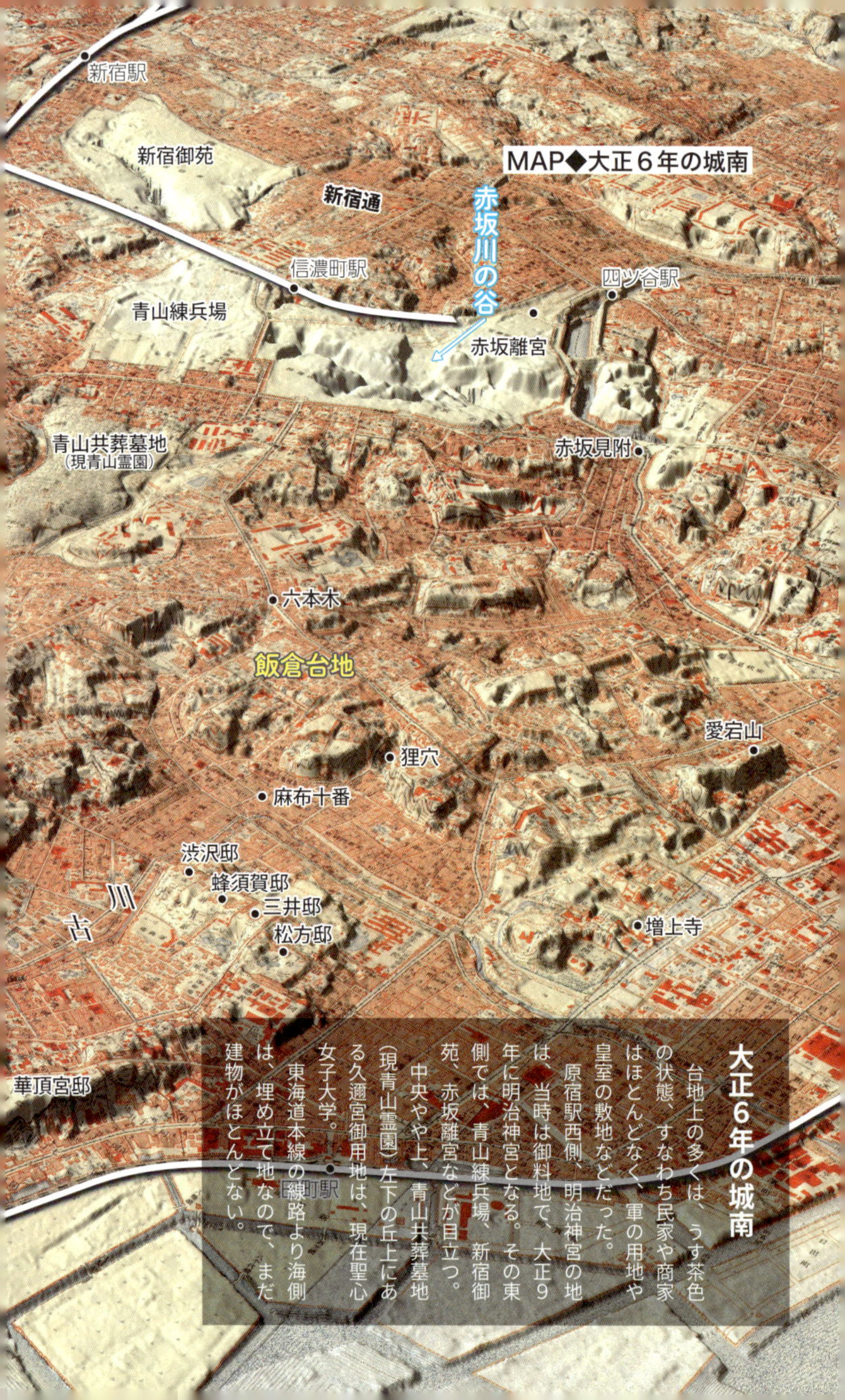

大正6年の城南

台地上の多くは、うす茶色の状態、すなわち民家や商家はほとんどなく、軍の用地や皇室の敷地などだった。

原宿駅西側、明治神宮の地は、当時は御料地で、大正9年に明治神宮となる。その東側では、青山練兵場、新宿御苑、赤坂離宮などが目立つ。

中央やや上、青山共葬墓地（現青山霊園）左下の丘上にある久邇宮御用地は、現在聖心女子大学。

東海道本線の線路より海側は、埋め立て地なので、まだ建物がほとんどない。

南豊島御料地
原宿駅
明治通
渋谷駅
青山通
御料乳牛場
赤十字社病院
恵比寿駅
久邇宮御用地
渋谷川
高松宮御用地
麻布台地
天現寺橋
白金御料地
（旧火薬庫）
伊達邸
白金台地
久原邸
高輪東宮御所
高輪台地
泉岳寺
松平邸
北白川宮邸
東海道本線・山手線など
竹田宮邸

本書の地図について

・本書に掲載した地図は、すべてDAN杉本氏が作成したフリーウエアの『カシミール3D』と「スーパー地形」、国土地理院の「地理院地図」、1万分の1地形図を利用して製作しました。そのまま使用したものもありますし、画像処理ソフトで加工したり、川筋などを加筆したりしたものもあります。地図により、高さを2〜8倍に強調しています。

カシミール3DはWindows用の地図ナビゲータで、地図の閲覧、鳥瞰図や展望パノラマの作成、GPSデータとの連係などが行えます。標高の表現、地図の色味等も自在に変更できます。

詳しくは、カシミール3Dのホームページ（www.kashmir3d.com）をご覧ください。

・大正時代の地図は、すべて大正6年12月15日発行の1万分の1地形図です。必要に応じて現代の地形と重ね合わせました。古い地図に現在の地形をあてはめたため、土地の形状、特に川の流れる位置や海岸線が当時とは大きく異なる部分があります。

・本書掲載エリア以外の都心部の上記大正６年地図（現在の地形データで立体化）に関心がある方は、『明治大正凸凹地図 東京散歩』内田宗治（実業之日本社刊）をご参照ください。

【第一章】

江戸城建造の濠と水源

❶東京の地下鉄が地上に顔を出す理由
徳川家康の都市づくりのせいだった

地下鉄の東京メトロ丸ノ内線や銀座線は、都心で地上を走る区間がある。この話はよく語られもするが、その理由をやや詳しく考えてみよう。

この両路線が地上に顔を出す理由の一つは、自然の「谷」、すなわち「水の流れ」による浸食作用でできた地形を通るためである。

もう一つの理由は、徳川家康のせいである。

今から400年以上前に江戸幕府を開いた戦国武将のせいといわれてもピンと来ないかもしれないが、正真正銘の事実だ。昭和の時代、地下鉄を建設しようとしたら、その路線上で特異な地形に出くわし地上に出ざるをえなかった。その地形は徳川家康が造ったものだった…。

前者「自然の谷」の例は、銀座線渋谷駅と丸ノ内線茗荷谷《みょうがだに》駅付近である。いずれも駅名に「谷」の字が付いている。それまで台地の地下を通っていた線路が、渋谷川や神田川支流の谷に突き当たるため、谷の中に姿を現わしてしまう。

ＪＲ御茶ノ水駅の下で神田川を渡る地下鉄丸ノ内線

地下鉄丸ノ内線四ツ谷駅。背後の上智大学グラウンドは旧真田濠

渋谷駅付近の場合、銀座線電車は青山方面の丘から突然高架橋の上に顔を出し、高層ビル渋谷ヒカリエの脇をすり抜け、多くの車や人が行き交うＪＲ渋谷駅東口を見下ろしながらホームへと入ってくる。数年前から銀座線渋谷駅ホームの移設工事が始まりやや見にくくなったが、地上から見上げると、黄色の衣装（車体）をまとった千両役者が大見得を切りながら進んでくるように見えた。

後者徳川家康の例は、丸ノ内線四ツ谷駅と御茶ノ水駅付近である。四ツ谷駅は江戸城の外濠の一つ、真田濠《さなだぼり》（62ページ参照）の中に造られている（こちらも駅名に「谷」が付くが、この谷は真田濠のことを示すのではなく、四軒の茶屋があったので四ツ屋と称し、後に四ツ谷と記すようになったという説がある。また近くに四つの谷があったためとの説もあるが、真田濠はその四つの谷に含まれていない）。

四ツ谷駅付近は小高い丘になっていて標高が約30メートルある。一方ＪＲ中央線の隣駅の市ケ谷駅は標高約15メートトルしかない。江戸時代に外濠を建造する際、現市ケ谷駅前の市ケ谷濠と真田濠の水面をほぼ同じ高さにするため、真田濠は丘を深く掘り込まなければならなかった。そのため真田濠の底に造られたＪＲ中央線の四ツ谷駅は両側が高い壁であり、新宿方面に進むためには濠から出るためのトンネルが必要となった。四ツ谷駅のすぐ千駄ケ谷駅寄りに口を開けている御所トンネル（総武線下り）と新御所トンネル（総武線上りと中央線）である。

四ツ谷駅は、一番下にかつての国有鉄道だったＪＲ中央線、その上に地下鉄丸ノ内線（昭和34年開業）、昭和40年代まではさらにその上の道路上に都電が走っていた。なんだか下からエライ順、本格的な鉄道順に線路が位置しているようで落ち着かない。

だが地下鉄丸ノ内線の立場になってみれば、台地の地下浅い所を通常どおり通っていたら、突然深い濠の中に躍り出てしまったことになる。ここでお天道様の下に出たのは徳川

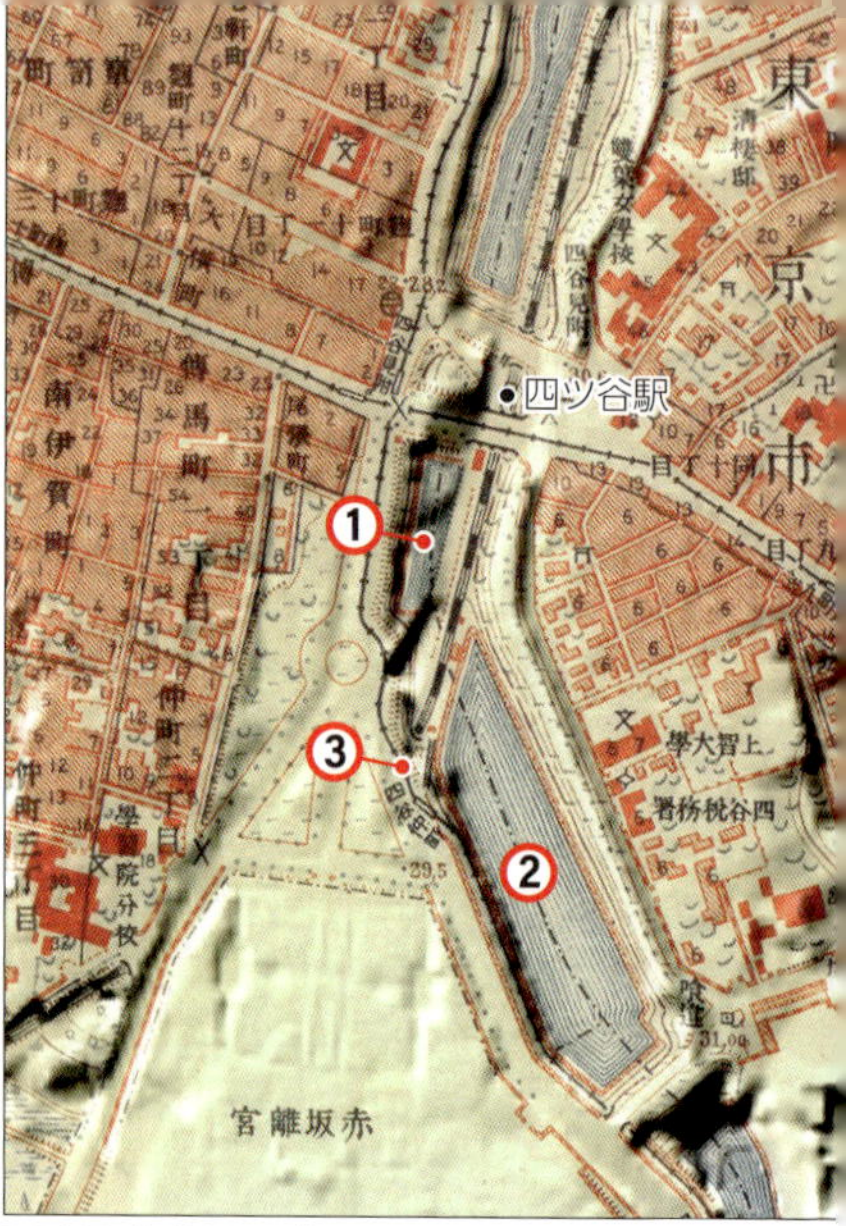

MAP◆大正６年の四ツ谷駅付近

大正6年の四ツ谷駅付近。現在快速電車ホーム部分①は水の張った濠。②の真田濠は現在上智大学グラウンド。まだ水が張られている。③の御所トンネル上の線路は東京市電

家康が計画した工事のせいというわけである。濠の底には明治時代に敷設された鉄道駅がすでにある。しかたなくそれを跨ぎ、空中（橋上）に駅を造らざるをえなかった。ちなみに堀の底の鉄道駅（現ＪＲ四ツ谷駅）は、敷設当時、水が張った堀の中に浮かぶ島のようにホームがあった。

　御茶ノ水駅付近の地形も江戸幕府と関係が深い。丸ノ内線が渡る神田川は、もともとここに川の流れる谷などなく、平坦な台地だった（54ページ参照）。そこを幕府は大土木工事を行って切り開き水路とした。幕府がこうした工事を行わなかったら、丸ノ内線はここで地上に顔を出すことなどなかったはずだ。

　正確にいえば、御茶ノ水付近の谷は第2代将軍徳川秀忠時代の1620年頃の開削だし、真田濠

明治時代の四ツ谷―市ケ谷間。四ツ谷駅付近までお濠に水があった

真田濠の水を抜き複々線工事中の四ツ谷駅。新御所トンネルの三つの坑口が見える。昭和２年

など外濠がすべて完成するのは3代将軍家光の時代の1639年頃までかかっている。家康は1616年に没しているので、家康が造ったといえないとの声もあろうが、江戸の町づくりを計画し着手してきたのは家康の時代からである。

四ツ谷駅を上から見ると真田濠の中だと実感できる

御所トンネル。ここをくぐって真田濠の外に出る

新御所トンネル。御所トンネルと少し離れて並行している

❷東京駅は入江の中、銀座は半島だった
中世末期と明治初期の海岸線比較

江戸・東京の町が発展しだすのは、江戸に幕府が開かれてからである。まずは徳川家康が江戸にやってきた時の江戸の地形から見ていこう。

33ページの地図は、明治9～17年に測量された地図（参謀本部陸軍部測量局による『五千分一東京図』測量原図）に中世末期（戦国時代頃）の推定海岸線を記したものである。したがって、この推定海岸線より海側で陸地になっている部分のほとんどは、江戸時代に埋め立てられた場所といえる。

まだ江戸時代が始まる前の1590年8月、家康が江戸に入府した時、江戸の地形が現在とは大きく異なるのは以下の2点である。

・江戸城下には入江が広がっていた

・現在の日比谷から丸の内にかけては、日比谷入江と呼ば

石垣の台座のみ残る江戸城天守跡から、芝生となった本丸跡方面を望む

皇居前広場と丸の内のビル群。広場とビル群の境あたりがかつての海岸線

れた海だった

・銀座付近は江戸前島と呼ばれた半島だった

日比谷入江の東側には、江戸前島という半島が伸びていた。現在の銀座は、その半島の先端に位置していた。

その東側、現在の築地方面は海だった。隅田川の河口沖に浮かんでいる島は石川島や佃島で、その一部は中世からあったようだ。現在の晴海、豊洲などは影も形もない。

銀座など江戸前島一帯は、日比谷や築地といった海だった部分より現在でも標高が高い。ただし標高わずか1~2メートルの違いなので現地を歩いていてそれを実感するのはかなり難しい。

山手線を例にとれば、東京駅と有楽町駅は日比谷入江という海の中か海岸線付近の浜辺（遠

ベースの地図は『五千分一東京図』測量原
凡例で示した線は「国立歴史民俗博物館研
報告第23集」国立歴史民俗博物館編より

浅の入江なので、海岸線の判断には諸説ある)。新橋駅から品川駅までも、ほとんどが海の中だったわけである。

前ページの明治時代の地図では皇居の内濠、外濠が複雑に張り巡らされている。こうした濠や水路も中世末期にはそのほとんどがなかった。

状況を振り返っておこう。戦国時代後期、関東地方は北条氏が支配していた。1590年7月、豊臣秀吉が北条氏本拠地の小田原城を攻め、北条氏を滅ぼす。秀吉は北条氏の旧領を家康に与え、代わりに三河(現愛知県)、駿河、遠江(以上静岡県)、甲斐(山梨県)、信濃(長野県)といった家康の所領すべてを召し上げる。家康は生まれ育った三河や駿河を離れ、ほとんど未知に近い関東に移封されることとなった。

当時の江戸には、日比谷入江を望む高台に、太田道灌《どうかん》によって1457年に築かれた江戸城があった。道灌の時代の江戸は都市というより軍事的拠点といった程度のもので、その軍勢はせいぜい2000~3000騎といわれる。江戸城は城といっても現在の内濠や外濠などはなく、ごく小規模なものである。

地図から分かるように、当時江戸城の東側は、現在より人が住める土地が圧倒的に少ない。面積としても少ないが、江戸城より東側の低地は、井戸を掘っても塩水が混じってしまい飲料水や生活用水に利用できない。江戸城より北側も、平川(現在の日本橋川)沿い

明治時代初期の江戸城。写真中央は天守閣の代役もした富士見櫓

などは洪水の多い土地で、住むのに適さない土地が広がっていた。江戸城西側の武蔵野台地は、当時の井戸掘削技術では生活用水を得にくい。このように江戸は多くの人が住むのには不適格としか見えない土地だった。そんな地方の中小都市といった程度の江戸に対し、家康は大土木工事に取りかかり、大都市へと変貌させてしまう。

ここでポイントとなるのは、城下町として栄えていた小田原を本拠とせず、なぜ江戸の地を選んだのかということである。この段階では、江戸が大きな町として発展できる土地なのかどうか、見極めるのはきわめて難しいはずである。

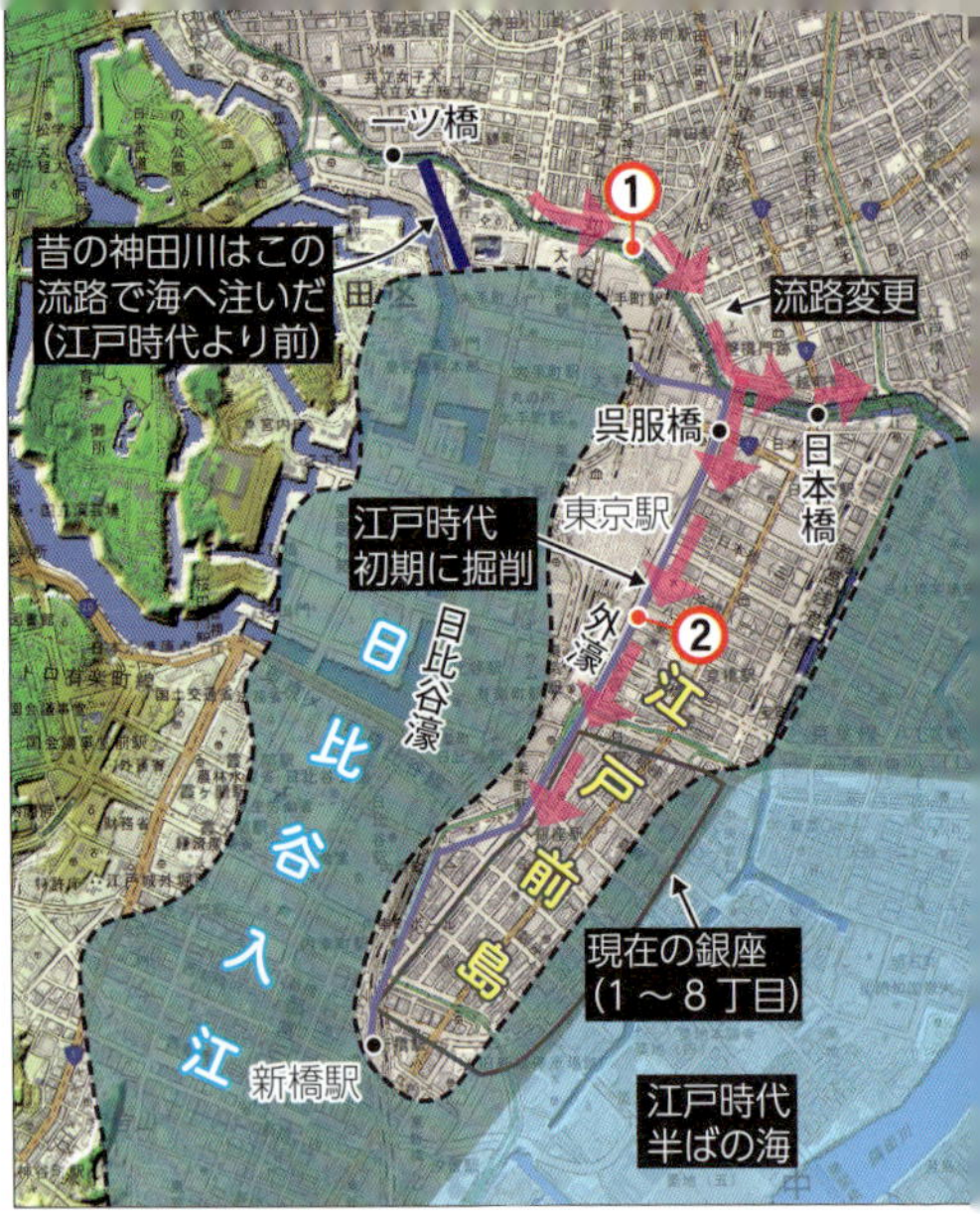

江戸時代の地形改造。■部分を埋め立て川を赤矢印へと付け替えた（40ページ参照）

実際には江戸の町は、第四章の玉川上水の項で述べるように、奇跡のような地形を擁していた。それを土地に対する天才的な目利きといえる家康が見抜いたようにも思える。

また江戸を選んだのは、家康ではなく秀吉が命じたともいわれる。だとすると、家康は江戸に来てから、その優れた地形を理解し、的確に都市計画を行っていったことになる。

家康は道灌の時代とは比べものにならないほど大勢の家臣団や家族を引き連れて江戸城に入った。その後関ヶ原の戦いに勝利する。江戸幕府を開いた1603年頃、江戸には徳川家臣団を中心に6万人が住み、その30年後には武士・町人合わせて約30万人が住んだ。

1635年、参勤交代が制度化されるといっそう人口は増え、江戸時代半ばには百万人都市へと膨張していった。

皇居二重橋と伏見櫓。一般参賀時はこの橋を渡って宮殿東庭へ入る

旧江戸城汐見坂（皇居東御苑）から丸の内のビル群を望む

馬場先濠。日比谷入江の一部をあえて埋め残し内濠とした部分

日比谷濠。見通しのいい平地が広がり、海だったのを想像しやすい場所

参勤交代は、大名が大勢の家来を引き連れて上京する。江戸の人口が爆発的に増えることは、参勤交代を制度化した時から、幕府としては予期していたことだろう。

都心の地形がドラスチックに変わったのは、意外に思えるかもしれないが、明治時代や昭和戦後の経済成長時ではなく、実は江戸時代、それもその前半である。

33ページ地図の海岸線の状態から、どうやって海岸を埋め立てていき、飲料水を確保して、住みやすい土地を造成させていったか。またどのように内濠、外濠を整備したのか。それを具体的に追っていこう。

❸城と町、大土木工事の開始
日本橋方面へと川を大移動

江戸城下で人々が住める土地を増やすために、以下の事業を成功させる必要があった。

・**川を引っ越しさせ、海を埋め立てる**

土地を増やすには、浅い海の埋め立てが手っ取り早い。ただしそのためには、埋める部分の海へ水と土砂をもたらす川を移動させなければならない。

・**川を征する**

流路を固定し、洪水を防ぐための堤防を建設する。湿地だった所は、乾いた土地にするための水路を建設する。

・**川（上水道）を造る**

飲み水を確保するための上水道の建設が必要となる。

・**川を変身させ、城を守る濠とする**

この時代、まだまだ敵からの備えも必要とされたので、この配慮も必要だった。

このように江戸時代の地形変更の多くは、川や水路を中心とした大土木工事によるものだった。それまでの戦国時代、各大名は武士相手の戦いに明け暮れていたが、江戸の世では、いわば「流れる水」を相手に策略を練って長期戦を遂行していかなければならなくなったのである。

ここで33ページの地図をもう一度見てみよう。どのような手順で土木工事を行ったら城下に適切な土地を増やせるか考えてみていただきたい。答え（歴史的事実）をご存じの方は、他にいい方法がないか考えてみるのも面白いと思う。

幕府がまず行ったのは、容易に想像がつくように、前述の日比谷入江の埋め立てである。1605年頃から行っていて、これには一石三鳥といえる効果があった。

第一に土地を増やせること、第二に入江がなくなれば外敵が船で江戸城直下まで攻めて来れなくなること、第三に江戸城のお濠造成で大量に出る土砂の捨て場として利用できることである。

だがむやみに入江に土砂を投入すればいいというわけではなかった。当時は神田川（平川と呼ばれた）が現在の日本橋川の川筋あたりを流れ日比谷入江へと注いでいた。幕府は周到に計画を立て、次のような段階を踏んで工事を行っていった。

・（旧）神田川下流部の付け替え

埋め立てる部分に川の水がやって来ないように、外濠川ともいうべきバイパスを日本橋

（上）大正時代の東京駅／（下）東京駅前、正面が大正12年竣工の丸ビル、右奥が同年竣工の郵船ビル

2012年に開業当時への姿に復元された東京駅赤煉瓦駅舎

方面に建造（36ページ①）して、神田川（平川）の流れをそちらへそらせた。

新水路は、おおむね現在の日本橋川の一ツ橋付近から呉服橋にかけての流れである。

・日比谷入江内に、水抜き促進を兼ねて内濠を建設

入江の中に、わざと埋め残し部分を設け、江戸城の内外から集まる小河川の水をそこへ誘導した。それにより和田倉濠、馬場先濠、日比谷濠ができた。

・江戸前島の尾根部分に外濠川を掘削して、（旧）神田川の水を引いた

MAP◆銀座・日比谷・丸ノ内周辺（現代）

現在の標高の相違。市街地部分でグレーが濃い所は標高が低い。銀座（江戸前島）は、日比谷入江だった日比谷濠の東側や海だった築地一帯より標高が高い

比較的地盤のいい前島に水路（②）を造り、平川（旧神田川）の捌け口の数を増やした（33ページと36ページの地図では江戸前島と外濠の位置関係が少し異なる。諸説あることによる）。この水路は江戸城を守る役目の他、舟運水路としても活用された。

江戸城と町づくりの第二ステップに移る前に、300年ほど時代を下らせ大正時代の地図で日比谷から銀座にかけての様子を見てみよう。

44ページの地図は大正6年のものである。今は消えてしまっている江戸時代の地形がまだ残っているので、とても興味深い。

JR新橋―有楽町間、開業当時からの赤煉瓦高架橋（左写真の西側の現在）

一見して気づくのは、東京駅のすぐ東側、八重洲口の駅前に水路が伸びていることである。これが江戸時代初期以来の外濠（川）（45ページ③）で、現在は外堀通りとなっている。

なお東京駅は大正3年の開業で、当初東側（京橋側）には外濠が邪魔する形で改札口がなかった。町として賑わっていた京橋方面から東京駅へ行くためには、今よりずっと遠回りとなる北側の呉服橋か南側の鍛冶橋を渡ってのコースを取らなければならなかった。八重洲口が開設されたのは昭和4年になってからである。

明治時代末頃の新橋―有楽町間、線路沿い（東側）に外濠（現東京高速道路）があった

もう一つ印象的なのが、銀座が四方を水路に囲まれた島のようになっていることだろう。銀座の西端、有楽町から新橋にかけては、外濠に沿って東海道本線が伸びている。このあたりが江戸前島の西側海岸線付近（または日比谷入江の中）である。その反対側、銀座の東端近くには、三十間堀（④）と呼ばれた水路が南北に伸びている。こちらは江戸前島の東側海岸線部分である。その北側、クランク状に折れ曲がってから北へと続くのが楓川（⑤）で、これも江戸前島の東側海岸線付近に作られた水路である。

この区間の外濠川、三十間堀、楓川は、太平洋戦争時の戦災がれき処理のためなどで、昭和20年代から30年代半ばにかけて埋め立てられた。多くは首都高速道路の用地に転用されたが、三十間堀はその細長い敷地がいったん更地にされ、そこへビルが建てられている。こうしてみると、昭和の戦前くらいまでは、江戸前島の痕跡が、かろうじて水路などとして残されていたのが分かる。

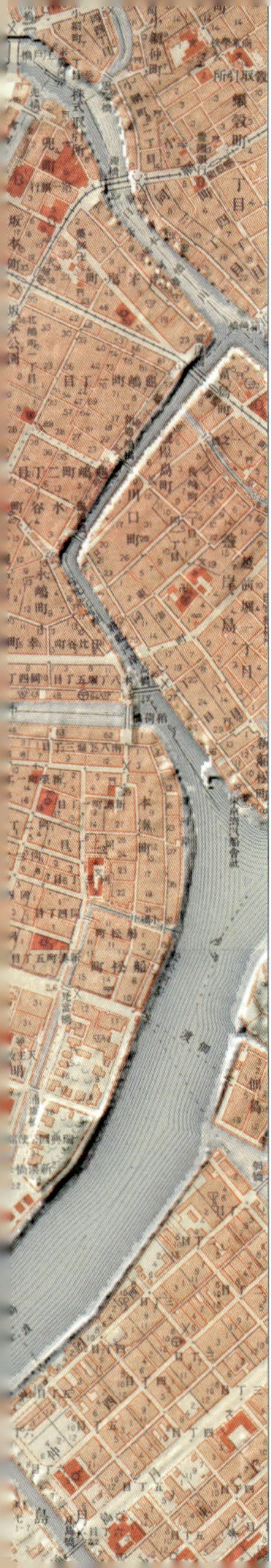

三十間堀の跡、細長い敷地に立つビル。銀座２丁目付近

明治40年頃の京橋。写真奥の銀座へ行くのに水路にかかる橋を渡る

MAP◆銀座・日比谷・丸ノ内周辺(大正６年)

呉服橋
日本橋
3
東京駅
八重洲
5
外濠
鍛冶橋
楓川
京橋
有楽町駅
4
銀座
三十間堀

❹内濠建設では半蔵濠に注目

千鳥ヶ淵と桜田濠へのそれぞれの水源とは

入江の埋め立てと前後して、幕府は江戸城内濠の整備に取りかかる。ここで徳川家康配下の技術者たちは、土地の高低を利用した絶妙な設計で、城をぐるりと囲む内濠を造成していく。

内濠とは、現在の状態でいえば、一般の人が入れない皇居地区及び立ち入ることができる皇居前広場や皇居東御苑、北の丸公園を囲む濠の総称で、日比谷濠、馬場先濠、和田倉濠、千鳥ヶ淵など、20ほどの個別の濠で構成されている。１５９０年の家康の入城から１６１４年にかけて整備された。

内濠の中で、まず西端に位置する半蔵門（48ページ①）の地点に注目したい。半蔵門の北側に続く半蔵濠の水面の標高が約15メートルなのに対し、南側に続く桜田濠の標高は約3メートルで、水面の高さが10メートル以上も違う。半蔵門の地を訪れて両側の濠を見ると、桜田濠の方は水面がずっと下にあるので、半蔵門の土手は大きなダムのように感じる。そのダム湖（のような濠）に水を湛えるのが半蔵濠である。

これは、内濠が半蔵門を境に、北半分の円周部分の濠と、南半分の円周部分の濠との水源が異なることによっている。内濠建設にあたり、何やら知恵を絞ったからくりがこの点に隠されている気がしてこないだろうか。

谷と尾根の関係を順に説明していこう。半蔵濠の北隣に千鳥ヶ淵がある。現代では桜のお花見のポイントとして有名な所だ。半蔵濠と千鳥ヶ淵とは土手で区切られているが水路で繋がっていて、水面の標高は同じである。凸凹地図を見ると、千鳥ヶ淵の西側に小さな谷筋が二本（②）伸びているのが見える。麹町《こうじまち》から番町《ばんちょう》一帯の谷筋で、南側、一番町から二番町にかけての谷上には女子学院高校や日本テレビ麹町ビルが立っている。北側の三番町の谷では、谷底から日当たりのいい南向きの丘上にかけて、かつては日露戦争でバルチック艦隊を破った東郷平八郎元帥の邸宅があった（53ページ参照）。

現代では、降った雨が地面にしみ込むことなく下水管に流れてしまうため、この程度の小さな谷では、川は消えてしまっている。だが緑豊かだった江戸時代では、雨がゆっくり地面にしみ込み、それが谷底で湧水となって出るので、この二つの谷にも小川が流れていた。この小川は、太古の昔から、後に江戸城乾門《いぬいもん》（③）が立つ地点を流れ（この付近では局沢《つぼねさわ》川と呼ばれた）、そのすぐ東側、後に江戸城天守閣が聳《そび》える脇を過ぎ、海へと注いでいた。

江戸時代初期、谷が最も狭まったこの乾門の地点に、土手を築いて小川の流れを堰き止めた。すると千鳥ヶ淵、半蔵濠といった長さ1300メートルにわたるお濠ができあがってしまった。実際は様々な苦労があったと思うが、建造するにあたり地形がこのように味方してくれたのは事実のはずだ。

西側からの敵に備えるには、うってつけの濠である。

江戸城の守りは、とくに西側が弱点とされてきた。西側は標高の高い台地に起伏の少ない尾根が伸びる。後に甲州街道となる尾根である。一方、江戸城の北側には神田川の谷、南側には古川の谷がある。江戸へ攻めてくる敵を、これらの谷上の丘で待ち伏せして狙い打ちすることができる。西にはそうした谷がない。ところがこのように地形のおかげで、西を守るための濠が比較的苦労なしでできた。南側の桜田濠などよりは5年ほど早い1607年前後に完成している。

明治時代、この乾門の土手には、天皇と皇居を守る精鋭部隊である陸軍近衛師団の司令部が置かれた。現在は東京国立近代美術館工芸館となっている赤煉瓦建築が、明治43年竣工の旧近衛師団司令部である。重厚なこの建物を見ていると、皇居を守る内濠の建造にとって要所だった地を選んで建てたようにも感じてくる。

千鳥ヶ淵の水は、北側の田安門（④）地点から隣の牛ヶ淵方面へと流れ出た。この牛ヶ淵も、清水門地点で土手を築いて水を堰き止めることによって、長さ500メートルほど

半蔵門の土手。右が桜田濠で土手の高さがかなりある

千鳥ヶ淵。周囲は眺めがよく標高が高い所にあるのを実感しやすい

日本テレビ通り。かつては坂下を横切って小川が流れていた

東京国立近代美術館工芸館（旧師団司令部）

の淵としてできあがった。牛ヶ淵は千鳥ヶ淵よりも標高が10メートル以上低く、田安台（北の丸公園）からの湧水も流れ込んだ。この牛ヶ淵と千鳥ヶ淵の水を、江戸城では飲料水として利用した。

前述のように江戸城付近の低地は、井戸を掘っても塩水が混じり飲用できない。そうした意味でも、小川や湧水の地が、江戸城から見て有利な位置にあったといえる。

なお内濠には、日比谷濠のように「○○濠」と名の付くものと、千鳥ヶ淵のように「○○淵」と名の付くものがある。「○○淵」は流れる水を堰き止めて造ったもの、「○○濠」はそうではないものと区別されている。

もう一方、内濠の南側半分では、桜田濠が、その西側の谷、すなわち現在の最高裁判所と国会図書館に挟まれた谷（⑤）などの水を、桜田門の土手などで堰き止めて造られている。これより皇居の東側に位置する内濠、すなわち清水濠、大手濠から日比谷濠、凱旋濠にかけては、水位が標高1メートル程度であり、江戸時代より前、海だった所を濠へと埋め立てた部分である。

ここで少し、凸凹地図ならではの空想上の地図遊びをしてみよう。話が根拠のない空想に過ぎないといった面もあるのだが、こうした空想、妄想は、上空から町を俯瞰するのに似た凸凹地図ならではの楽しみ方なので、述べてみたい。

敵が江戸城の西の備えが固いことを知って、南や東から攻めてきたとする。桜田門や日比谷周辺まで迫り、そこへ陣を構えたとしよう。徳川軍は江戸城に立て籠り応戦に備えている。このような状況で徳川軍には、どんな策が考えられるだろうか。

凸凹地図を見ていれば、軍略家でなくても一つの奇策を思いつくのではないだろうか。水攻めである。

千鳥ヶ淵と半蔵濠の水位は標高15メートルと述べたが、堤防として築いた乾門地点と北端の牛ヶ淵との境の土手に土嚢を積み上げれば、それ以外の周囲の地形は標高20メートルより高いので、水位を20メートルまでは上げられる。半蔵濠と千鳥ヶ淵は細長く続くので、かなりの量の水を貯めることができる。

そして半蔵門の土手をわざと決壊させたらどうなるか。水は桜田濠を軽く超え、怒濤のごとく標高5メートル前後の桜田門や日比谷周辺へ押し寄せるだろう。敵軍は壊滅するか、少なくとも日比谷から銀座、新橋周辺がぬかるみとなり、歩くのにも困難な状態となるはずだ。

【地形読み取り散歩】

江戸城天守跡

皇居東御苑

「地形」に焦点を当てて述べた本文では触れられなかったが、江戸城の「歴史」を知る上ではぜひ訪れたい所である。江戸城本丸跡に位置していて、忠臣蔵で有名な松の廊下や大奥もこの本丸の中にあった。明暦の大火（1657年）で焼失した江戸城天守は、石垣だけが残っている。

本丸跡東側の汐見坂から、かつて入江だった大手町方面を望むと、江戸の地形を想像しやすい。入苑無料、休苑日あり。

千鳥ヶ淵を横切る首都高速道路

千鳥ヶ淵

水面の少し上を首都高速道路が横切っている。首都高速は、江戸時代初期に川の流れを堰き止めるために作った土手部分（千鳥ヶ淵東岸）でトンネルへと入る。

国立近代美術館工芸館（旧師団司令部）から千鳥ヶ淵南端の土手までの間は、珍しく内濠の内側に遊歩道が続いている。

東郷坂と東郷公園

東郷公園と東郷坂

三番町の谷を望む形で南向きの斜面に、日露戦争でロシアバルチック艦隊に大勝利した提督、東郷平八郎の邸宅があった。現在東郷公園となっている。

公園脇の坂（東郷坂）の下に千鳥ヶ淵の水源となった川が流れていた。

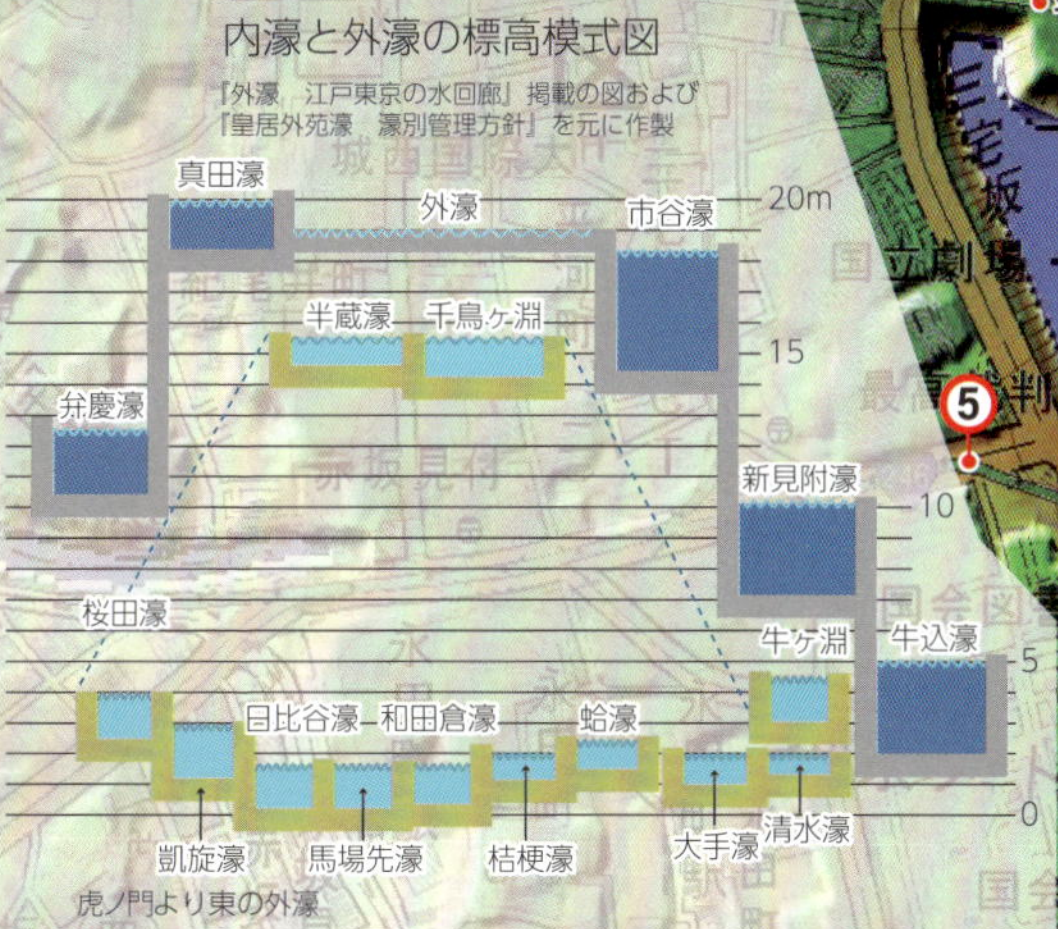

❺地形がいかにも不自然！
御茶ノ水駅付近の神田川は幕府の洪水対策

通常の地図だと気づかないが、凸凹地図を眺めていると、地形がいかにも不自然だと感じる場所がある。東京でその代表的なものが、ＪＲ中央線御茶ノ水駅付近の神田川の流れ方（56ページ①）である。

この場所で神田川は、本郷台の丘を東西に切り込むように、狭くて深い谷の中を流れている。中央線や総武線の車窓からよく見えるので、なじみの光景だという人も多いだろう。水は邪魔なものをよけながら低い方へ流れることを考えると、わざわざこんな所を通らず、本郷台の丘にぶつかる地点（②）、すなわち水道橋駅のあたりで南に折れて、東京湾へと流れるのが自然である。

実は御茶ノ水駅付近の神田川は、第2代将軍、徳川秀忠の時代の1620年頃、本郷台地を開鑿して造られた人工水路である。

神田川の変遷を簡単にたどってみよう。神田川は現在の三鷹市井《い》の頭《かしら》公園の池などを水源とし、中流域で善福寺川や妙正寺川《みょうしょうじ》からの流れを合わせて水量を増し、江戸城の北方では小石川などの流れも当時は合流させ、江戸城直下へとやってきて日比谷入江へ注いでいた（江戸城下付近では平川と呼ばれていた。平川は現在の日本橋川の流れとほぼ近い）。大雨の時、平川は洪水を引き起こし、いわゆる「鉄砲水」となって武士や町人の住む江戸城の北から東へかけての低地を襲った。

幕府は日比谷入江を埋め立てるために、平川の最も下流部分を日本橋方面への流れへと付け替えた。日比谷入江に流れがやってこなくなったが、城下を流れていくことは変わらない。そこで現在の水道橋駅付近からほぼ真東へと新たに水路を掘削して隅田川へと注ぐように付け替えた。途中本郷台が立ちはだかっていたが、そこを切り開いた部分が、現在の御茶ノ水駅付近の流れである。

水道橋駅から200メートルほど飯田橋駅寄りの線路沿いに三崎橋（③）があり、現在はここが御茶ノ水方面へ流れる神田川と日本橋川との分岐点となっている。江戸時代のこの時の土木工事では、三崎橋付近から城下方面にあたる平川下流を1キロほど埋め立てた。この地点の平川を締め切る形となり、江戸城下は大雨時も洪水の被害が大幅に減じることとなった。

なお明治時代に旧平川（日本橋川）と神田川とで船の往来ができるように、締め切られていた水路のすぐ近くで、現在の三崎橋地点まで日本橋川の掘削を行った。そのため現在

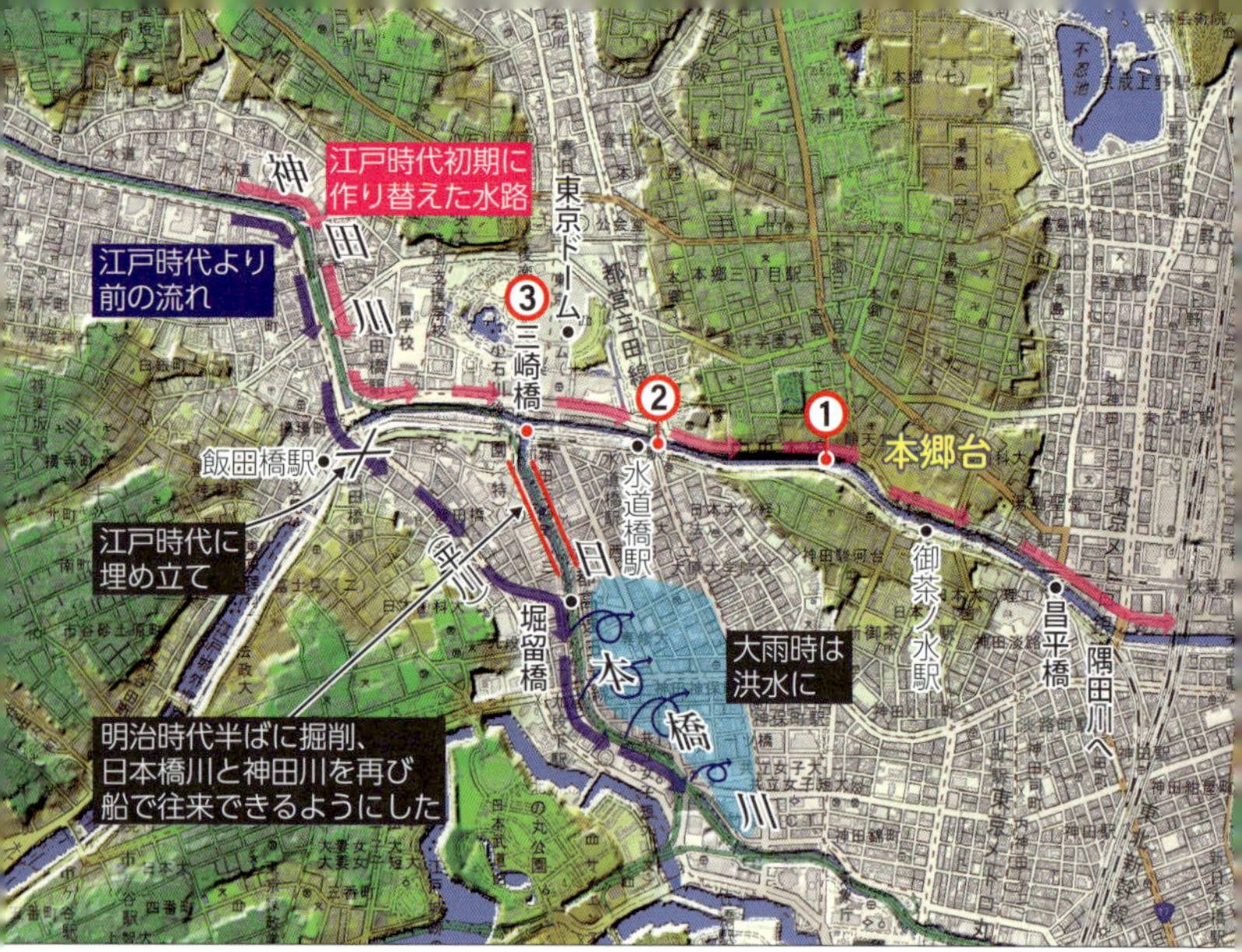

MAP◆神田川の水路変更（江戸時代）

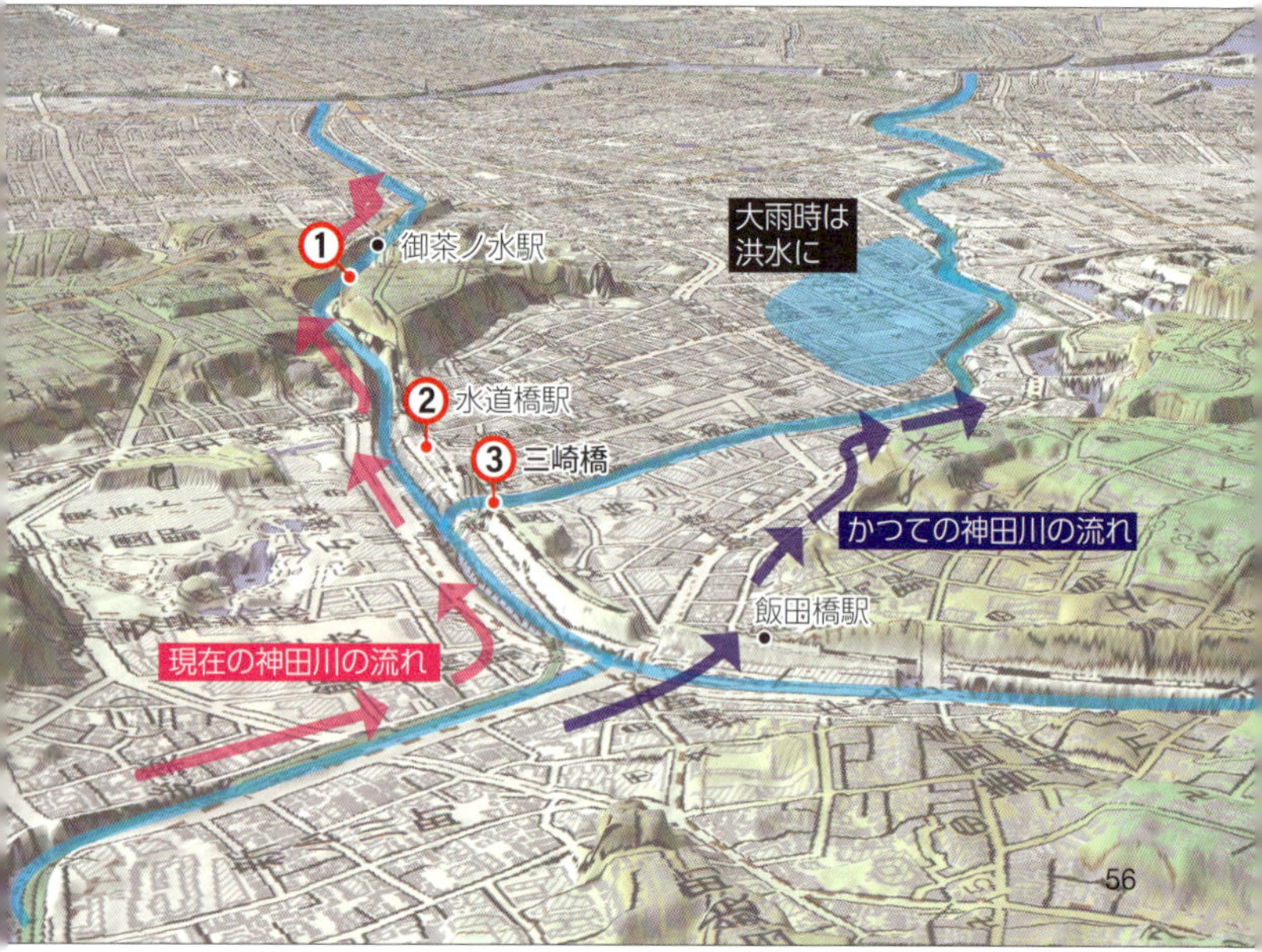

は日本橋川と神田川が、大昔と同じく繋がっている。

本郷台を削った際、その土の一部で、（新）神田川の岸に堤防を築いた。現在のＪＲ中央線水道橋―飯田橋間（複々線のうち総武線が走る北側の複線部分）の盛り土は、この時代の堤防の一部を利用したものとされる。

またとくに御茶ノ水から下流、隅田川寄りでは、（新）神田川の南側の岸に本格的な堤防を築いた。柳原土手と呼ばれる現在の柳原通りの部分である。南岸のみに土手を築いたのは、大雨の際、比較的人家の少ない北側に意図的に水を溢れさせ、南側の江戸市中方面には水が流れ出ないようにするためだった。

本郷台を貫いて流れる神田川（水道橋―御茶ノ水間）

三崎橋。左が江戸時代に掘削された神田川、鉄道橋の下が日本橋川

JR中央線と神田川（線路の下）が本郷台西端へ入る地点

❻明治時代、都心屈指の難工事区間

18年かけて御茶ノ水付近の線路が完成

幕府による御茶ノ水付近、本郷台の掘削は、江戸の町中でも屈指の大土木事業だったが、ここは明治時代後半、現在の中央線を建設する際も、難工事区間の一つだった。

大正6年の地図（60ページ）で見てみよう。地図の左ページ部分に、日本橋川に沿って行き止まり式の線路が伸びている。その付け根のあたりに「いいだまち（飯田町）」という駅名が書かれている。現在のJR中央線は、新宿―立川間が明治22年に開通した後、都心へは新宿から東京方面へと段階的に伸びる形で、明治28年に飯田町までが開通した。飯田町は日本橋川と（新）神田川の分岐点に位置している。貨物輸送の主役が舟運と鉄道だった当時、貨物の集積地としてうってつけの地だったことが想像できる。行き止まり式線路が伸びている部分は、当時の貨物の積み降ろし場である。

飯田町駅開業後、早く東京駅方面へと延ばしたかったが、線路を引きやすい平坦地である東南方向の神保町や大手町方面は、江戸時代からの町人地や武家地で建物が密集し、用地収得が簡単ではない。そのこともあり神田川の谷の中に線路を敷設することになった。

屹立する崖の下にホームが置かれた御茶ノ水駅が開業するのが明治37年。ただしこの時のホームは、現在の御茶ノ水駅ホームよりずっと飯田町駅寄りにあった。崖の工事部分を少しでも短くして、早く開業したかったためと考えられる。現在御茶ノ水駅ホームは、神田川を跨ぐ御茶ノ水橋の東京寄りにあるが、当時は、地図に駅が小さく示されているとおり、御茶ノ水橋の新宿寄りにあった。

明治41年、本郷台の谷を東へ抜け出す部分まで敷設工事が進み、昌平橋《しょうへいばし》駅が開業。ただしここは最初から仮開業の地として計画されたもので、本郷台の端にあたり、人が集まるターミナルの立地としては適さない。その200メートル東に明治45年、立派な赤煉瓦駅舎をもつ万世橋《まんせいばし》駅が開業した（昌平橋駅は同時に廃止）。これでやっと谷を通り抜けられ、駅前広場の土地も広く取れた。中央通りと靖国通りの交差点が駅前にあって、付近は市内でも有数の繁華街となった。

万世橋から先の東京駅方面へは、住居や商店の密集地なので簡単には延伸できず、大正8年になってやっと万世橋―神田―東京間が開通する。

終着駅でなくなった万世橋駅付近は、しだいに往時の賑わいを失っていく。関東大震災では赤煉瓦駅舎も全焼してしまった。昭和18年に同駅は休止。平成24年、高架駅だった内部を整備して商業施設マーチエキュート万世橋へと生まれ変わっている。

大正時代、関東大震災前の万世橋駅

明治時代の御茶ノ水駅付近。現在より新宿寄りにホームがある

MAP◆本郷台の谷、鉄道貫通の歴史
ベースの地図は大正６年
明治28年
ここまで開通
この部分は
貨物駅
鉄道←→船
(貨物の積み卸し)
中央線東京方面への
短絡ルートだが家屋が
密集していて断念
神田川
中央線
日本橋川
後樂園
砲兵工廠
飯田町五丁目
飯田町四丁目
猿樂町
北神保町
近衛歩兵營
近衛師團
築城部本部
高等商業學校
佛國大使館
清水門

❼外濠造成も二つの川を利用

四ツ谷と赤坂見附の間にある分水界

内濠の次は外濠に目を転じてみよう。中央線の四ツ谷駅から市ケ谷駅、飯田橋駅にかけて、線路沿いに満々と水を湛えているお濠が江戸城の外濠である。市ケ谷駅ホームから眼下に見える釣り堀も外濠の一部だ。

ここでの注目地点は、四ツ谷駅近く、上智大学とホテルニューオータニとの間にある喰《くい》違《ちがい》見《み》附《つけ》（64ページ①）である。江戸城は、内郭・外郭の城門を含めて俗に「三十六見附」といわれていた。見附とは、城門のすぐ外側で見張りの者が監視した所をさす。

この喰違見附の土手によって、外濠が真田濠と弁慶濠とに分けられている。ただし真田濠には現在水が張られていず、細長い谷底の南半分が上智大学のグラウンドになり、北側半分が中央線の四ツ谷駅になっている。駅の線路やホーム部分は基本的に細長いので、お濠の中にそれらがぴったりはまり、収まりがいい感じだ。

この喰違見附は標高が30メートル程で、外郭を含めた江戸城の中で、標高の高さとしては一、二を争う所である。ここが地形上重要なのは、喰違見附の土手が外濠の分水界となっている点である。

まず喰違見附から北側の外濠を見ていこう。飯田橋駅前で神田川と合流するまでの外濠は、神田川支流の谷筋を掘り下げて造られた。北側の外濠の主だった水源として、あけぼのばし通り商店街（②）が挙げられる。この商店街は谷筋に沿って商店街が伸びている。谷に沿って商店街が伸びている例は、谷中《やなか》のよみせ通りをはじめ、23区内でも比較的たくさんある。商業地は低い所、住宅地は丘の上というのは、一般的に見られる特徴である。

あけぼの橋通り商店街が特徴的なのは、谷のどん詰まりの最奥地へと商店街が伸びている点である。比較的短い商店街だが、その北端のはずれ部分で谷が行き止まりとなり、その先は河田町の丘である。丘上には東京女子医大の建物が、買い物客を見守るように立っている。おしゃれなレストランとして人気の高い旧小笠原伯爵邸も丘上にある。

商店街はずれ近くの水源地から、かつては紅葉川《もみじがわ》という名の川が流れていた。1638年前後に作られた四ツ谷から飯田橋にかけての外濠は、主にこの商店街のメインストリート部分に流れていた紅葉川の水を貯めることによりできあがった。東京女子医大直下の崖部分、水源の一つであった地に、水にゆかりの地に多く立つ弁財天が今も祀られている。

紅葉川は、もう一つの源流部である禿坂《かむろさか》（③）方面からの流れと地下鉄曙橋駅地点で合流し、市谷の防衛省の崖下を流れ、市ケ谷駅対岸地点で外濠へと注いでいた。

1
2 あけぼの橋通り商店街
3 禿坂
4
5
11
12 円通寺坂
かつての紅葉川からの流れ
外濠のかつての水源からの流れ
旧赤坂川の道
分水界
溜池への流れ
金弁財天
曙橋駅
荒木町
四谷三丁目駅
観音坂
市ケ谷駅
四ツ谷駅
真田濠
喰違見附
迎賓館
紀伊国坂
弁慶濠
清水谷公園
赤坂見附交差点
赤坂御所
秋篠宮邸
港区
赤坂御用地
外濠
信濃町駅
中央本線
都営新宿線
東京メトロ半蔵門線
東京メトロ銀座線
東京メトロ千代田線
都営大江戸線
国立競技場建設中
神宮外苑
神宮球場
青山通
青山霊園
外苑前駅
表参道駅
若松河田駅
市谷加賀町
四谷坂町
南元町

手前の上智大学グラウンドが旧真田濠、正面が喰違見附の土手

「虎ノ門外あふひ坂」(『江戸名所百景』歌川広重)。洗堰が見える

敵が攻めにくくするため鉤の手に曲がる喰違見附

喰違見附から見た弁慶濠。反対側の真田濠より水面がかなり下にある

喰違見附の分水界の南側はどうだろうか。喰違見附の土手に立って南北を眺めると、北側の真田濠（上智大学グラウンド）に比べて、南側の弁慶濠の水面が、かなり下の方に見える。この弁慶濠の水源は、紀尾井町の清水谷公園の谷（④）などである。弁慶濠の南端に赤坂見附の交差点（⑤）がある。青山通りと外堀通りの交差点で、上には首都高速4号線、地下には地下鉄赤坂見附駅があり、まさに交通の要衝に位置している。

この交差点に立って周囲を見回してみよう。ここは東、西、北の三方からの坂道を下った所に位置している。弁慶濠の方から交差点を眺めると、濠の水位より赤坂見附交差点の方が低い所にあることがよく分かる。この交差点は、自分がいる所より高い位置で、すぐ近くに水が貯められていることを実感できる貴重な場所ともいえる。

人口の多い江戸市中、敢えて高い位置に水を貯めることを行ったのは、土木工事技術への自信と、欠乏しがちな飲料水と生活用水の確保が喫緊の課題だったこと、また、濠としての防衛施設が重要だったことを如実に物語っている。

赤坂見附より南側の外濠は、虎ノ門まで現在は埋められて外堀通りとなっているが、かつてはなみなみと水をたたえていた。この区間の外濠は、今でいう多目的ダムをこしらえることによってできあがった。ダムの場所は、現在文部科学省の建物が立つ付近である。このダム湖が、地下鉄銀座線の溜池山王《ためいけさんのう》駅などとして地名が残る「溜池」である。

付近の外堀通りは池だったことを想像できる痕跡はまったくない。外濠がまだ存在した次ページ明治16年の地図で眺めてみよう。

赤坂見附（68ページ地図⑤）から現日比谷高校（⑥）、日枝神社（⑦）の高台の下を通り、現在は首相官邸になっている鍋島邸（⑧）の崖下にかけて、細長く水色で示された湿地（⑨）が溜池である。江戸時代初期の１６０６年頃、この部分に流れていた赤坂川に洗堰（⑩）と呼ばれる小さなダム（堰）を建造してできあがった。

溜池を作った第一の目的は、城防御のための外濠とするため。第二の理由は、飲料水の水がめとして利用するためである。ここでは洗堰は「汐留《しおどめ》」、すなわち満潮時、海水（汐）

あけぼの橋通り商店街。この道を流れていた小川が外濠の水源

金弁財天。あけぼの橋通り商店街の奥、崖下にある

弁慶濠と写真の奥に赤坂見附交差点。交差点の方が水面より低い

MAP◆永田町・赤坂（明治16年東京図測量原図）

この地図のミニ解説が74ページにあります

真田濠
喰違見附
現迎賓館本館
赤坂仮皇居
弁慶濠
現赤坂見附駅
現秋篠宮邸（付近）
⑮
⑯
⑤
⑰
⑤赤坂見附
⑥髙﨑正風邸（宮内省外局御歌所所長、後に村井吉兵衛邸、現日比谷高校）
⑦日枝神社
⑧鍋島直大侯爵邸（現首相官邸・公邸）
⑨外濠（溜池とも、現外堀通り）
⑩洗堰（現存せず）
⑬有栖川邸（現国会議事堂前庭）
⑭大久保邸（現衆議院第一議員会館）
⑮紀尾井坂
⑯清水谷（大久保利通暗殺地）
⑰陸軍囚獄所（現赤坂サカス・TBS放送センター）

丘上の日枝神社から外堀通りを見下ろす。写真左にエスカレータがある

永田町の丘の端、眺めのいい地に立つ首相官邸

旧赤坂川の道。信濃町―四ツ谷間の中央線を横切って流れていた

が川を遡るのをここで食い留《とど》める役割を果たしている。

玉川上水が1653年に完成すると、溜池の水は飲料水用として使われなくなっていった。明治10年頃、洗堰の堰き止め石をわずかに2尺（約60センチ）ほど下げたところ、溜池の水はみるみる減って湿地になってしまったという。明治16年の地図では池というより湿地になっているのはそのためと思われる。

それではどこから流れてきた水を堰き止めたのだろうか。これも凸凹地図を見るとすぐ想像がつく。

JR中央線で四ツ谷駅から信濃町駅方面へ向かうと、トンネルを出てすぐ谷間を走る細い道を跨ぐ（64ページ⑪）。この道筋にかつて赤坂川が流れていた。谷の奥（線路北側）一帯は今も寺町となっていて20以上のお寺が密集している。円通寺坂（⑫）や観音坂など風情豊かな名の付く坂道も多い。赤坂川はこのあたりから流れ出し、中央線をくぐり赤坂御用地を通り抜けて赤坂見附の交差点付近から溜池へと注いでいた。赤坂川は洗堰から下流を汐留川と名を変えて海へと注いだ。

赤坂川の源流付近の地形も興味深い。赤坂御用地は隣接する迎賓館と共に、江戸時代は紀州徳川家の中屋敷だった。同屋敷内で赤坂川は西方面からの支流と合流し、谷がやや広くなっている。それを利用して池を配した庭園を造っている。明治5年に皇室に献上され令和の初年では、赤坂御用地の中、谷の北西側の丘には今上天皇が皇居に移るまでの間住む赤坂御所があり（即位前から住む東宮御所が名称変更）、谷を隔てた南側の丘には秋篠宮邸がある。谷の中は、山中の谷のように曲がりくねった細い道しかないようだ。今上天皇と秋篠宮のお住まいは、同じ御用地内にあるものの、歩くと10分以上かかりそうである。

旧赤坂川の源流付近を辿るのも面白い。大ヒットアニメ映画『君の名は。』（新海誠監督、2016年）に登場するシーンのモデル地となった須賀神社への階段（72ページ参照）に立ち寄りながら、円通寺坂を上って新宿通りに出てみよう。この付近は、赤坂川と紅葉川の分水嶺になっている。北側の外濠と南側の外濠への水の分水嶺の地点というわけだ。

【地形読み取り散歩】

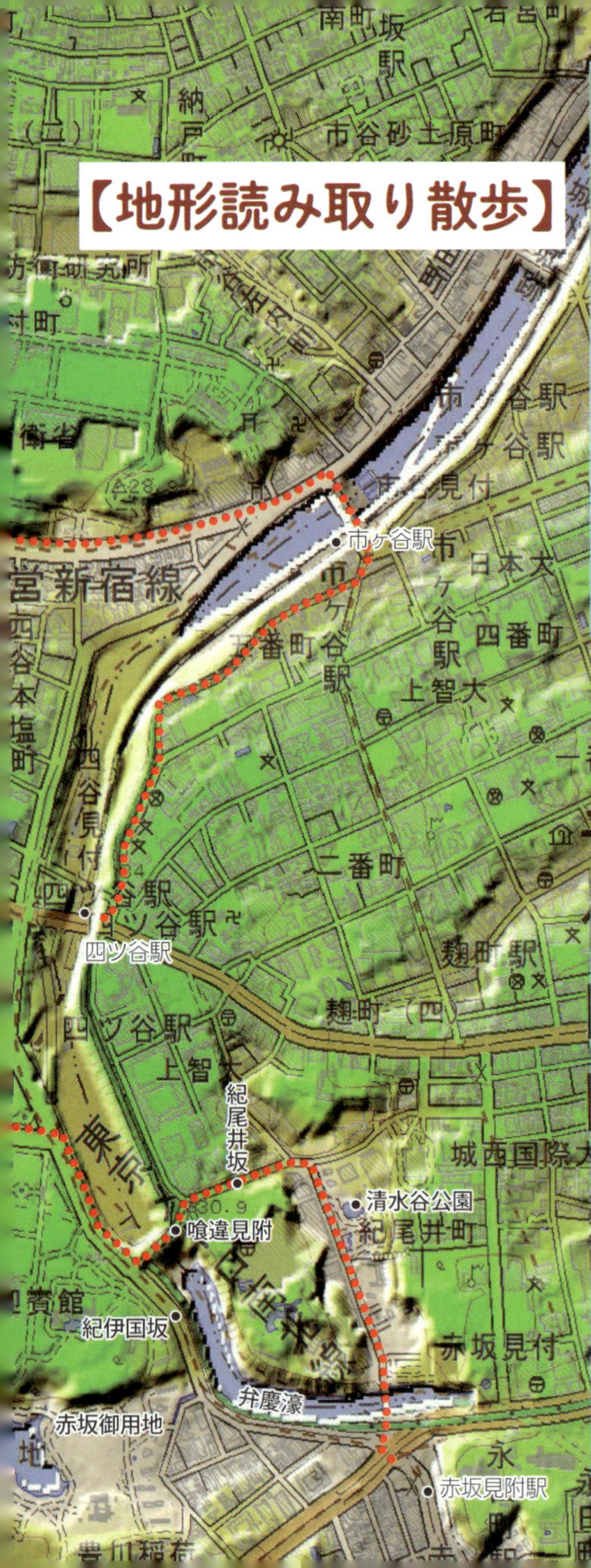

清水谷公園

清水谷公園

かつての紀州徳川家と彦根藩井伊家の屋敷の境目付近に位置する公園である。江戸時代は清水が湧き出ていたので、一帯が清水谷と呼ばれていた。明治11年、この付近で大久保利通が暗殺されたので、公園内に哀悼碑が立っている。戦後、デモの集散場所としても有名だった所である。

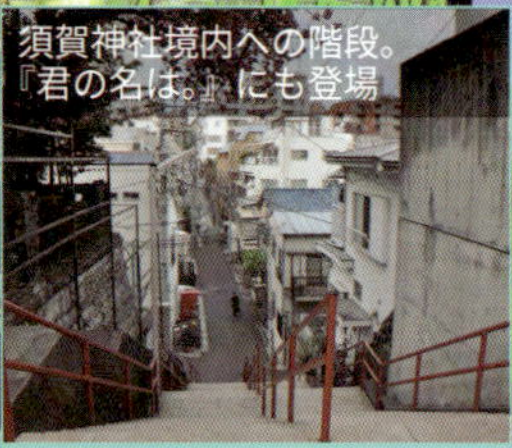
須賀神社境内への階段。『君の名は。』にも登場

旧赤坂川の道

赤坂御用地北側から円通寺坂まで、赤坂川の跡が道として続く。途中右側へ折れると観音坂の上り、左側に折れ少し行った所に須賀神社への階段の上りがあり、この道が谷筋にあることを実感する。須賀神社への階段は、映画『君の名は。』のラストシーン近くで描かれ、アニメの聖地として外国からのファンも含め賑わった。

荒木町の路地

荒木町

都心にある典型的なスリバチ地形(窪地)の中に位置する町。周囲の喧騒から隔絶したような一郭で、花街として栄えた歴史があり、今も昭和の雰囲気を残している。江戸時代には美濃国(岐阜県)高須藩の上屋敷で、邸内には滝をともなった池があった。この池は津之守弁財天の池として、現在もわずかに水を湛えている。

明治16年地図ミニ解説

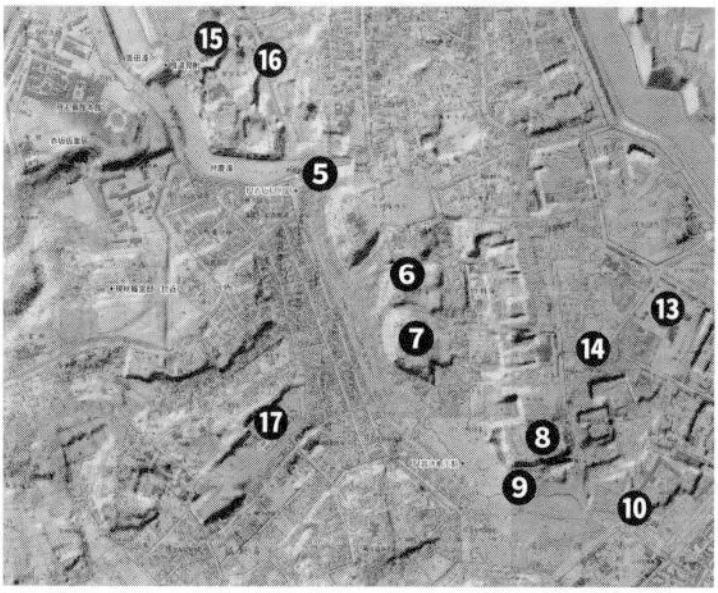

南北に細長く続く外濠（溜池）のすぐ西側は低地が広がり、そこに人家がびっしりと密集しているのが分かる。一方東側の高台は庭の広い大邸宅がゆったりと並んでいる。現在の永田町一帯だが、当時は東京一ともいえるお屋敷町だった。低地は庶民が身を寄せ合うようにして暮らし、丘の上は超高級住宅地という構図である。

お屋敷町の方を見ていくと、現国会議事堂前庭にあたる所には**有栖川邸（⓭）**が広がっている。**鍋島直大侯爵邸（❽）**は台地が南に張り出した所にあり、市街を広範囲に見下ろせる地である。現在この地が首相官邸、公邸になっているのが印象的だ。そのすぐ北側の**大久保邸（⓮）**も広い。明治初期の最高の実力者（初代内務卿）だった大久保利通は、明治11年５月14日、明治天皇に謁見するためにこの自邸から二頭立ての馬車に乗り、**赤坂仮皇居（現赤坂御用地）**へと向かった。**紀尾井坂（⓯）**下の**清水谷（⓰）**まで来た時に、石川県士族島田一郎らにより暗殺されている。

日枝神社（❼）北隣の現日比谷高校の地は、**髙﨑正風邸（❻）**。髙﨑は薩摩出身で、後に宮内省ゆかりの御歌所所長となる人物である。TBS放送センターなどが入る**赤坂サカスの地（⓱）**は、この時代陸軍囚獄所になっていた。

【特集】

マイナスの標高と「水」

8 東京下町低地の「海面より低い土地」荒川氾濫では浸水が長期にわたる地も

都内で凸凹地形というと、どうしても武蔵野台地の話となりがちだが、下町低地（巻頭地図のほぼ右側半分）を取り上げてみたい。

下町一帯には、山手線の内側やその西にあれだけ多い坂道がない。一つもないと書きかけて調べたら、向島百花園の南、墨田区東向島に地蔵坂という緩やかな坂があった。永井荷風の『断腸亭日乗』にも出てくる。こうした例外はあるものの、下町では河川の堤防に上る時以外、坂がほとんどない。地表はあくまで平坦に感じる。

だが下町でも地形にはわずかながら凸凹がある。ここで特徴的なのは、マイナスの凸凹ともいえるものの存在である。

下町に広がる「海抜0メートル以下」の地域

以前書いた本の中で、何人もから感想をいただいたものに、「『玉川上水』『0メートル地帯』『雲取山』は、東京出身者が、日本人の常識のように勝手に思い込んでいる三大知識といえるようだ」と述べたことがある。都内の小学校や中学校ではこれら三つのことを詳しく教えるので、東京で小中学生時代を送った方は、これらが全国的によく知られていることだと勘違いしていることを述べた。

玉川上水と0メートル地帯は、全国の小中学校でも教えている例もあるようだが、都内の小中学校での授業のように詳しくは触れないので、覚えていないという人も多いのだろう。雲取山は、東京都にも標高2000メートルを越える山があることとして習うものである。

地盤沈下を示す標柱（南砂町）。上から四番目の輪が大正7年の地表面。一番上の輪が堤防高、二番目が大正6年台風での高潮高

0メートル地帯と高潮脅威の地域

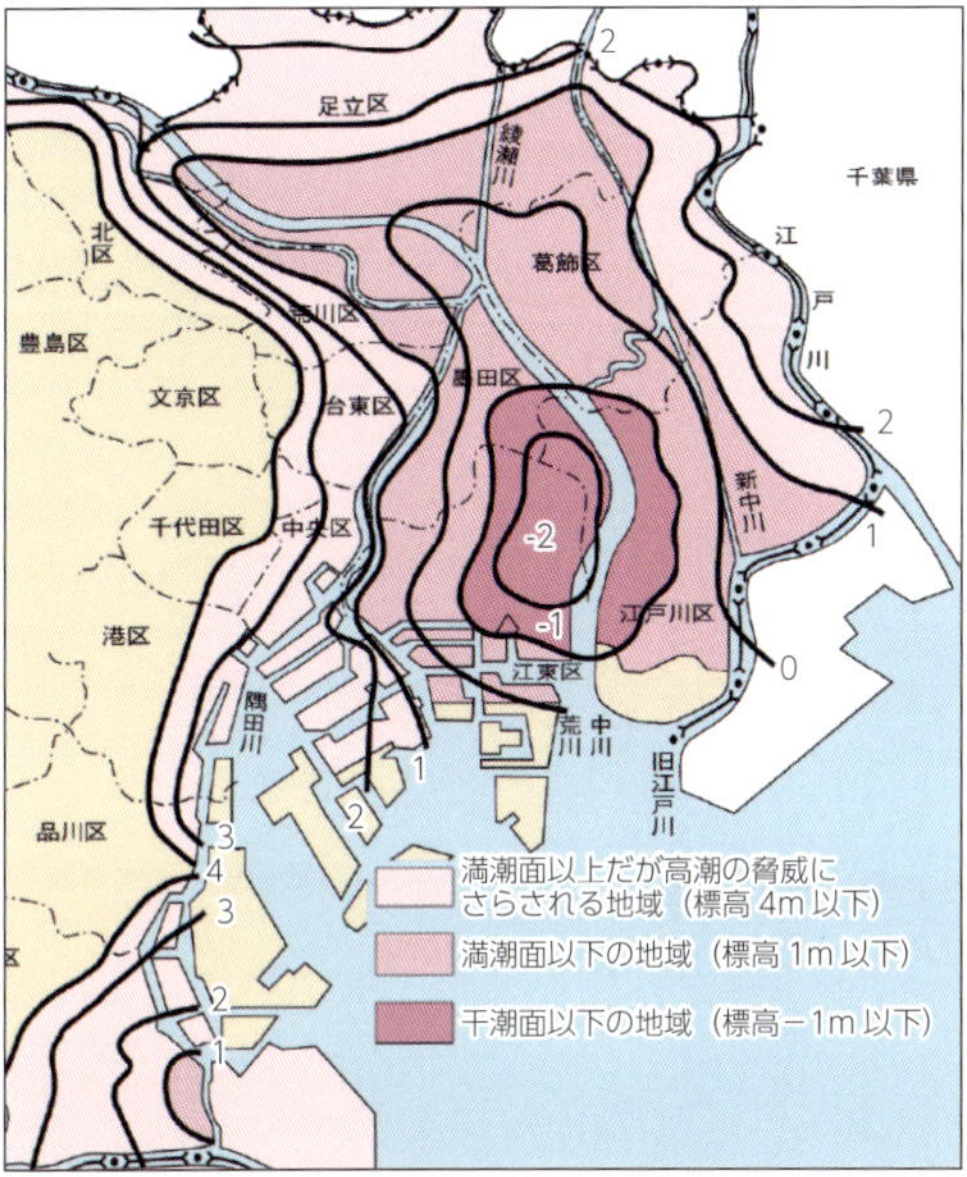

東京都建設局「低地河川の整備」より作成

本書では0メートル地帯について、災害との関連を中心に述べてみたい。その前に0メートル地帯について概略を確認しておこう。

東京の下町低地では、大正時代から昭和40年代にかけての過剰な工業用地下水の汲み上げと天然ガスの採取が原因で、広域にわたり地盤沈下が起きた。最も顕著な江東区南砂2丁目の例では、大正7年から昭和55年までの間に4・5メートルも沈下した。二階建て民家の屋根くらいまでの高さ分が沈んだことになる。汲み上げや採取を止めてからすでに40年以上経つが、地盤は沈下したままで元に戻ることがない。

もともと標高が低い地域なので、海面より低い場所が出てきてしまった（77ページの地図参照）。東京湾の干潮時と満潮時の海面の高さの差は、新月や満月の前後の最も大きい時期で約2メートルある。通常、海抜0メートルより低い場所が「海抜0メートル地帯」と呼ばれているが、堤防や水門など河川施設整備を行う東京都建設局では「0メートル地帯」を「地盤高が満潮位より低い所」と定義している。それに従えば、標高（東京は海抜とイコール）約1メートルより低い所が「0メートル地帯」ということになる（東京湾の満潮面は荒川工事基準面［A.P.］+2m。標高［T.P.］±0mは［A.P.］+1・13mだが本文・図版では小数点以下四捨五入で表記）。

下町低地では干潮時でさえ海面より低い地域がある。とくに江東区東部周辺、総武線亀戸駅付近からその南、都営新宿線大島駅、東京メトロ南砂町駅周辺は干潮時でも海面よりマイナス1メートル以下となる。満潮時では同マイナス3メートル以下になってしまう。民家なら一階部分がまるまる沈んでいる形である。

なお、83ページの図で、新木場周辺をはじめとした江東区の南端などは標高がプラス（浸水しない）となっている。これは近年埋め立てられたエリアは比較的標高が高く造成されているためである。

満潮時で比較すると海面より低くなる地域では、東京湾より約15キロも内陸に入った足立区の南部や北区赤羽駅東方までもが該当する。これらの地域は、もし堤防や水門がなかったら、または大地震などでそれらが破損したら、海水が押し寄せ浸水してしまう。

こうしたことを実感させてくれるのが、荒川と旧中川、小名木川《おなぎがわ》が合流する所に設けられている荒川ロックゲートである。都営新宿線東大島駅から徒歩5分の荒川堤防にある。

荒川ロックゲートの西側、小名木川沿い江戸川区大島8丁目、東砂2丁目周辺は、部分的に標高マイナス3メートルの地となっている。その地域を流れる小名木川、旧中川と荒川とでは最大で3メートル以上の水位差がある。かつては水門で仕切られ旧中川と荒川は船の通行ができなかった。水門を開けたら海と繋がった荒川の水が、ドッと小名木川、旧中川方面へ流れ込み、一帯の住宅地は水浸しになってしまうためである。ここに平成17年に荒川ロックゲートという閘門《こうもん》が完成した。閘門とは川と川を結ぶ運河に前後を仕切った空間を設け、そこへの水の出し入れで水位を調節し、船の通過を可能にする施設である。これにより両河川間の船の行き来が可能になった。

高潮が下町低地を襲う時

満潮時よりさらに海面が高くなることとして高潮がある。超大型台風の襲来時、気圧が低下し強風が吹き荒れると発生する。昭和34年の伊勢湾台風（中心気圧930ヘクトパスカル、最大瞬間風速40メートル以上）など国内でかつて経験した最大クラスの台風に襲われた場合、最悪3メートルの高潮が発生すると想定されている。その場合、もし防潮堤や

荒川に面した閘門の荒川ロックゲート。船はこの門を潜って旧中川へ

荒川ロックゲートの旧中川側。ここに水を出し入れして水位を調整する

荒川ロックゲート付近の荒川。普段は満潮時に海水が遡る穏やかな流れ

0メートル地帯の概念図

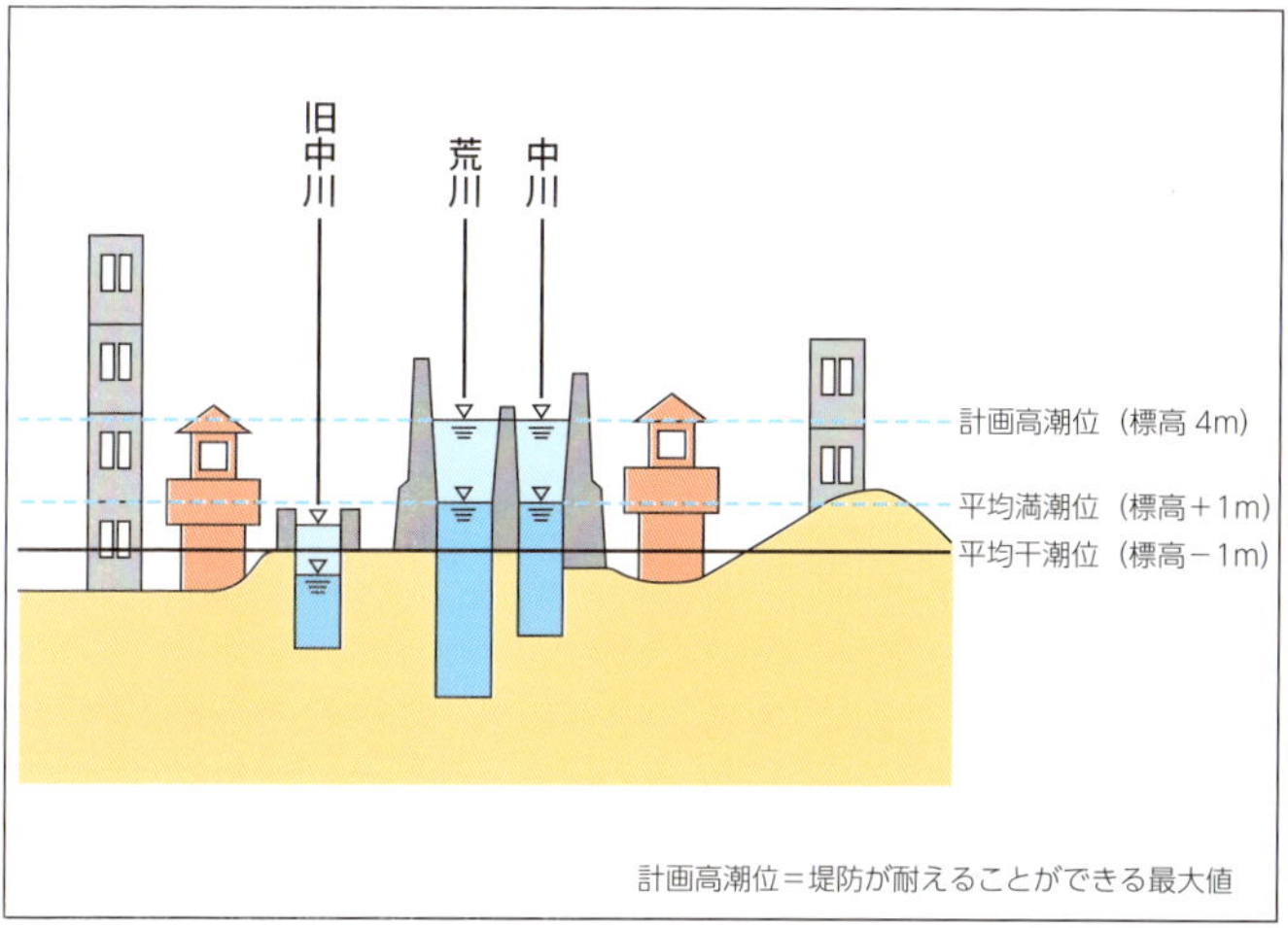

水門がなかったら、隅田川や荒川沿いの下町低地だけでなく、銀座や有楽町、蒲田駅周辺も浸水する。

下町低地は昭和30年代頃まで、たびたび大きな水害に見舞われてきた。その後防潮堤、水門、排水機場の整備が進み、近年では大水害は発生していない。

ただし大地震で防潮堤の決壊、水門の開閉機能の故障、地盤の液状化が起き、それらが修復しないうちに大型台風に襲われたら、大規模水害となる。こうした施設の耐震化が必要で、それらはまだ進められている途中のものもある。

また、0メートル地帯に降った雨は自然流下で海に出て行くことはないので、ポンプによる強制的な排水が必須である。排水機場のポンプは、停電時でも確実に稼働できるようにエンジンで駆動するなど様々な対策が取られているが、想定外のことが起こる可能性はまったくゼロではない。いたずらに不安を煽ることは避けなければならないが、0メートル地帯に住居や仕事場がある場合、その地形と標高を認識し、個人個人や組織で防災対策を練っておくことが重要である。

豪雨による河川氾濫対策

もう一つ下町低地で地形に関連する災害として想定されているものに、河川の氾濫による水害がある。

近年ゲリラ豪雨や大型台風などによる水害が国内各地で多数起きている。豪雨による水害は様々なパターンがあるが、東京都に関しては神田川、石神井川、目黒川など中小河川も含めて氾濫による浸水予想区域図（ハザードマップ）が行政サイドによって作成されている。

なかでも浸水高、浸水域とも規模が大きく大災害となるのが、荒川堤防の決壊による洪水である。国土交通省荒川下流河川事務所では、平成28年「荒川洪水浸水想定区域図」を公表した（同16年公表の「荒川浸水想定区域図」を改訂）。これらに基づき、該当する都内11区が詳細なハザードマップを作成し公表している。

想定しているのは、荒川流域で72時間総雨量が632ミリに達し荒川の複数箇所で氾濫するケースである。そんなに大量に降ることがあるのか、と思われるかもしれないが、平成30年7月の西日本豪雨災害では、高知県馬路村で72時間に1319ミリの雨が降ったほか、もともと雨の多い四国太平洋側以外でも、岐阜県郡上市で同868ミリを記録している。また平成13年9月に関東地方を襲った台風15号では、72時間以内に多摩川上流部の小河内で649ミリ、相模川上流の道志で705ミリを記録した。幸いこの時は大水害に至らなかったが、こうした数字を突きつけられると、いつ荒川流域に河川氾濫をもたらす豪雨が襲来してもおかしくないと思えてくる。

前記ハザードマップによれば荒川の大規模氾濫で以下の事態が起きる。

・下町低地のほぼ全域が浸水する
・浸水高が5メートル以上になる地域がある（常磐線北千住駅周辺や、東京メトロ南北線赤羽岩淵駅周辺など）
・大手町や日比谷、銀座など、多くの人が下町低地と認識していない所でも0・5～3メートルの浸水となる所（各一部の地区）がある
・0メートル地帯では、ほとんどの地域で浸水継続日数が2週間以上にわたる

浸水継続日数は、他の地域では1～3日間程度、一部の地域では一週間未満程度だが、0メートル地帯では前述のように人為的にポンプにより排水するしかないので、かなり、

長期間となる。

地下駅を洪水が襲ったら

都会の水害で怖いのは、地下に水が押し寄せることである。水害対策は様々なことに配慮が必要だが、ここでは地下鉄駅に対してスポットを当てておこう。

東京の下町エリアには多数の地下鉄路線が走っている。0・5メートル以上の浸水が想定されているエリアには地下鉄駅をはじめとした地下駅が約40もある。浸水2メートル以上という水没地にも約15の地下駅がある。こうした所では駅の出入口の屋根を越える所まで水がやってくる想定だ。

荒川区役所玄関の表示。荒川が氾濫すると最大5メートルの浸水を警告

東京メトロ赤羽岩淵駅入口の防水扉。脇に海抜2.7mの表示もある

越中島貨物線の仙台堀橋梁。下の通路は浮き橋。0メートル地帯では水位が管理されているので浮き橋はあまり上下しない

地表が水没した場合、地下への水の流入口となるのは主に次の三か所である。

・駅出入口
・換気口
・坑口（線路が地上に出る部分）

駅出入口は、土嚢を積んだのと同じ役割をする止水板による対応の駅が多い。約1メートルの高さにまで設置できる。だがそれ以上の浸水が想定されている駅にはこれではまったく不十分である。そうした駅は出入口を完全に遮断する密閉式の防水扉が設置されている。

換気口は東京メトロ銀座線、丸ノ内線、東西線など比較的古くに建設

荒川洪水浸水想定区域区（最大規模想定）

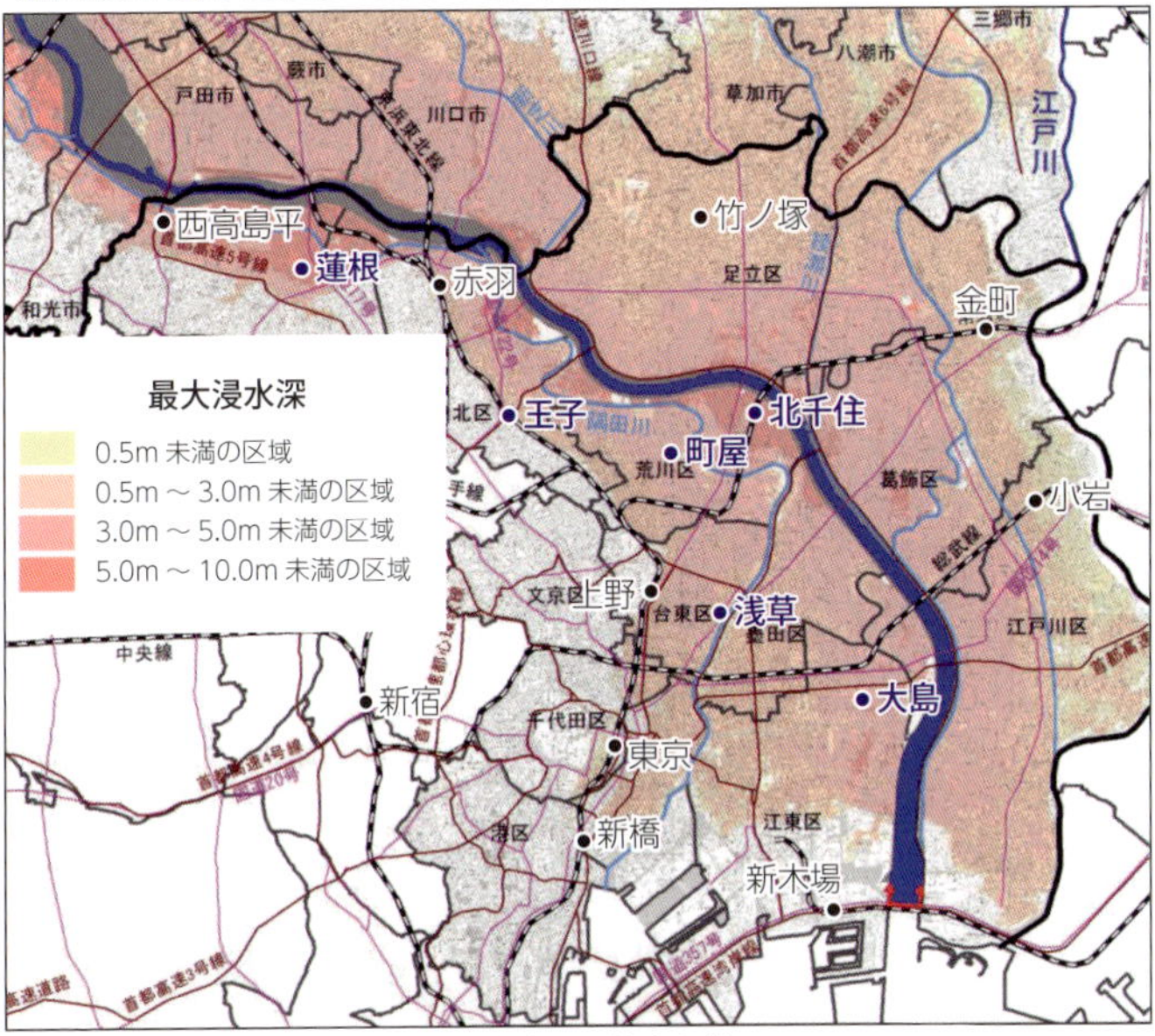

荒川下流河川事務所公表資料より文字など筆者加筆

都内地下駅　荒川氾濫時の駅付近地上浸水高

3〜5メートル浸水	
町屋	東京メトロ千代田線
入谷	東京メトロ日比谷線
新御徒町	都営大江戸線・つくばエクスプレス
西大島	都営新宿線
大島	都営新宿線
王子神谷	東京メトロ南北線
志茂	東京メトロ南北線
赤羽岩淵	東京メトロ南北線
浅草	つくばエクスプレス
川口元郷	埼玉高速
南鳩ヶ谷	埼玉高速

2〜5メートル浸水	
水天宮前	東京メトロ半蔵門線
浜町	都営新宿線
瑞江	都営新宿線
青井	つくばエクスプレス
六町	つくばエクスプレス

1〜3メートル浸水	
本所吾妻橋	都営浅草線
押上	東京メトロ半蔵門線・都営浅草線
両国	都営大江戸線
森下	都営大江戸線・新宿線
菊川	都営新宿線
住吉	東京メトロ半蔵門線・都営新宿線
錦糸町	東京メトロ半蔵門線

各区のハザードマップより作成

された地下鉄では、歩道に網を敷いて作られている。浸水の可能性がある換気口には浸水感知器が付いた換気口浸水防止機があり、下側からドアを閉める形で遮断する。従来は水圧2メートルへの対応だったが、一部では水圧6メートル対応へと強化されている。

東京の地下鉄は地上を走る区間があり、坑口が存在する。坑口から浸水の可能性がある所へは防水壁を設ける他、坑口の全断面を閉鎖する防水ゲートの設置も進められている。

予告なく突然起きる大地震と異なり、水害は大雨の予報から始まり実際の降雨の後に起きるので、時間的余裕がある。情報を速やかに得ると共に、日ごろから物心両面での準備、必要に応じて災害への対応訓練などが重要である。

【第二章】

川を見下ろす権力の館

⑨神田川を見下ろす高台　その1

東京一、深山幽谷を感じさせる地

この章では、川が流れる谷と、その谷を見下ろす丘にスポットを当ててみたい。そこで少し唐突だが、もしもあなたが大きな権力と豊富な財力を持ち、東京の比較的都心近くに、庭園つきの大邸宅を建てることができるとしたら、どの場所を選ぶだろうか。

ただ敷地が広ければいいだけでなく、庭園造りにとことんこだわり、母屋は見晴らしのいい所に建て、深山幽谷のような起伏に富んだ庭を作り、そこに大きな池も設けたいと考えたとしよう。現状がどうなっているかの先入観なしに、純粋に地形だけを手がかりに、凸凹地図を見ながらこの条件に適した場所を探してみよう。すると、邸宅を作るのが不可能な皇居の中を除けば、一か所だけ、他の場所より抜きん出て最適に思える場所がある。文京区関口2丁目、神田川に面する丘に位置する椿山荘《ちんざんそう》（左ページ①）の地である。現在はホテル椿山荘東京が立っている。

これは筆者の独断と気まぐれな好みに過ぎないように思われるかもしれないが、理由は以下のとおりである。

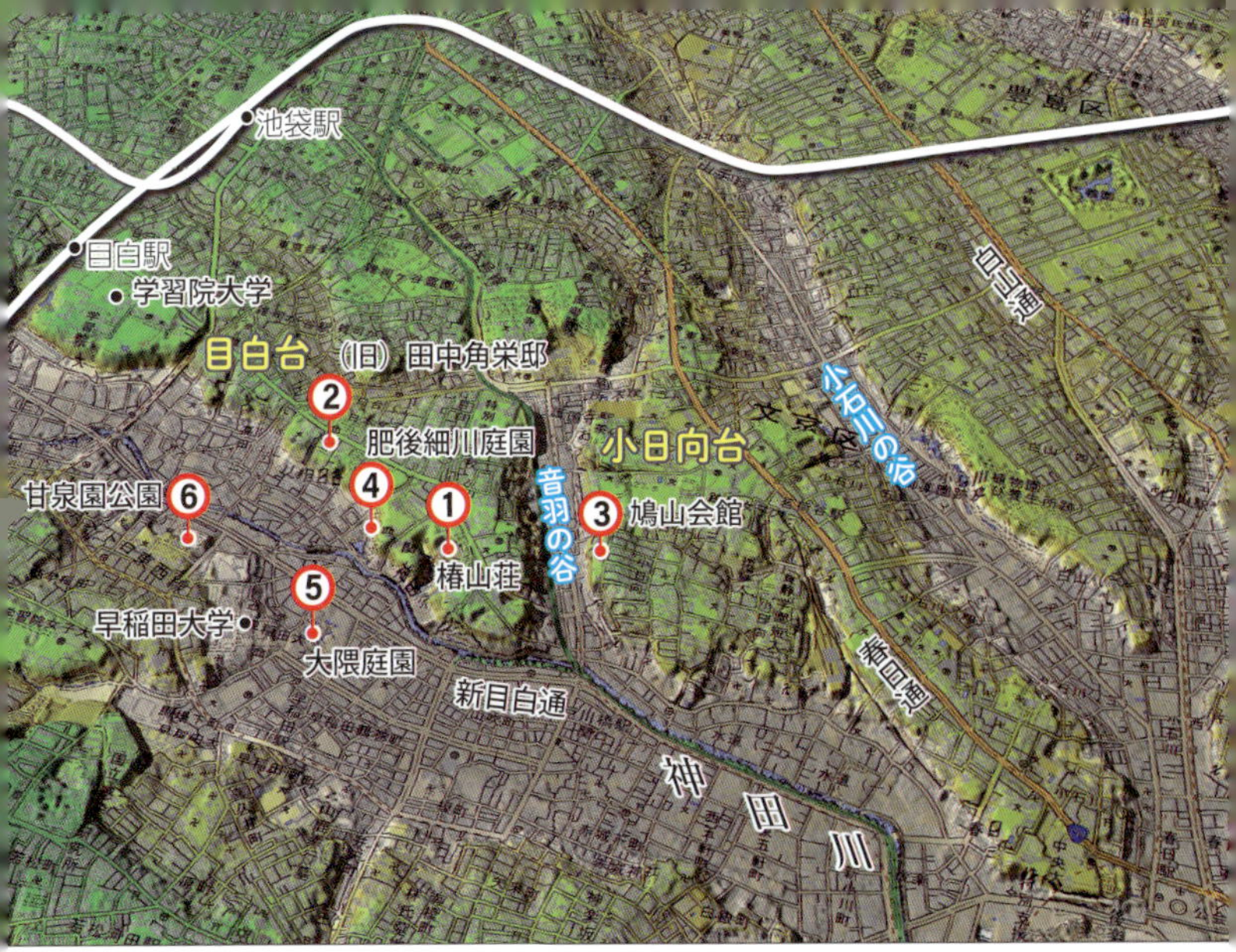

椿山荘の庭園。丘上には大正時代に広島県竹林寺から移築の三重塔がある

・南向き、日当たりのいい丘の斜面が、神田川沿いには続いている

高田馬場駅の西、新宿区下落合付近から御茶ノ水付近まで、神田川はほぼ真西から真東へと流れるので、その沿岸には、南向きの丘が続いている。

・都心近くで最も広い谷が続くのが、神田川の谷である

この区間、神田川の谷は幅が500メートル前後あり、渋谷川や古川、小石川といった他の川の谷より幅が広い。したがって神田川沿いの丘は、対岸の丘まで距離があり、その分見晴らしがいい。

・この区間の神田川の谷は、北側の丘の標高が高く南側の丘が比較的低いという「非対称谷」である

したがって北側の丘からは、麓の低地の他、その先の丘の上も見渡せる。

この条件で、候補の土地は、神田川流域に限られてくるのではないだろうか。それではなぜその中でも椿山荘の地がいいのだろうか。

・神田川沿岸で、際立って複雑な地形をしているのが椿山荘の地である

凸凹地図を見ると、椿山荘がある所は、神田川沿いに続く丘（目白台）の中で、その部分だけ、えぐり取られたような台地のへこみがある。このへこみは、御茶ノ水の神田川のように人工的に削り取ったわけではない。台地の端近くに湧き出た水が小さな川となり、それが台地内部を遡るようにして侵食し（谷頭浸食《こくとう》と呼ばれる）、短い谷をなしていった。丘上に立つ現在の椿山荘の建物から神田川まで、神田川とほぼ直角にぶつかる200メートルにも満たない流れだが、椿山荘の庭園の中に今もその流れがあり、竹裏渓などと名付けられている。

また、谷の真ん中よりやや南側を流れていた神田川が、椿山荘のすぐ手前から谷の中の北寄りを流れるようにと位置を変えている。そのためここでは川べりまで丘が迫り、川に対して断崖が続く。こうして谷頭浸食部分も台地の端も、ミニ深山幽谷の地形をなしている。

この地形に目を付けたのが、明治維新の元勲、山縣有朋《やまがたありとも》である。長州《ちょうしゅう》藩（現山口県）出身の山縣は、高杉晋作が創設した奇兵隊の軍監として幕末に頭角を現し、明治以降は、第3代、9代と総理大臣（在任期間明治22〜24、31〜33年）を務め、その後も陸軍元帥として元老中の元老と呼ばれるまで権力の階段を上りつめた人物である。

山縣は無類の作庭好きとしても知られていた。大権力者として好きな土地を手に入れやすいといった中で、東京の本邸として椿山荘、京都別邸として無鄰菴《むりんあん》、小田原には晩年に温暖の地で過ごすための古希庵など全部で八つの邸宅と庭園を造った。たとえば無鄰菴も、京都東山を借景として琵琶湖疏水の水を取り入れた池泉回遊式庭園を設けるなど、土地の目利きとして選び抜いた場所に造っている。近代史上最も庭園好きの大権力者が、自分の本邸にふさわしい地形として選んだのが椿山荘の場所だった。

　明治10年の西南戦争において、山縣は初代陸軍卿として西郷隆盛の軍勢と戦った。戦いいに勝利した翌年、目白台の地に遊んだ際、椿山荘の地が「地形の（周囲と）異なりあるを覚ゆ」（『椿山荘記』山縣有朋）と感じて気に入り、全財産を傾けて購入したという。当時の椿山荘の敷地面積は1万8000坪、山縣自らが椿山荘の全体計画や細部の意匠の指示を出しながら、東京の庭師の第一人者だった岩本勝五郎を起用して施工させた。当地には古くから椿が自生し「椿山」と呼ばれていたので、椿山荘と名付けた。

椿山荘下の神田川。この地点で川は丘に迫り川沿いに崖が続く

椿山荘の丘から神田川、大隈庭園方面を望む

　とくに力を入れたのが、滝―流れ―池による連続的な水景の扱いである。園内にはY字型に谷があり湧水源が二つあったが、主水源は西側に隣接した田中光顕《みつあき》邸内の湧水だった。田中光顕は元土佐藩士で坂本龍馬とも親交があ

「目白台下駒塚橋辺の景」(『新撰東京名所図会』山本松谷画／1906年)。椿山荘付近

り、維新の後は学習院院長、宮内大臣を務めた人物である。山縣はこの水源からの流れが庭の設計の際の生命線とみなし、湧水を永久に利用できるようにと、幾たびも田中と交渉を重ねたという。

本邸は鞘《さや》の間（細長い部屋）をめぐらせ、安土桃山期を代表する狩野永徳筆と伝わる襖《ふすま》が配されたみごとなものだったが、太平洋戦争時の空襲で焼失してしまった。

山縣は40歳から80歳までをこの地で過ごし、ここで明治天皇、大正天皇をはじめ政財界の第一人者の訪問を受けている。重要会議もしばしば当地で行われた。

山縣が亡くなる4年前の大正7年、関西財界の主導的地位を得ていた藤田組の2代目当主藤田平太郎が椿山荘を譲り受けた。現在は藤田観光が経営するホテルなどになっている。

⑩神田川を見下ろす高台　その2
総理大臣の邸宅が連なる南向きの丘

椿山荘付近からその西側にかけての台地は目白台と呼ばれる。この目白台の南端付近、神田川を見下ろす地は、山縣邸（椿山荘）を含めて、かつて現職総理大臣が住んだ邸宅が連なるように存在し、まさに権力の館の丘といった様相を呈していた。

まずは「目白御殿」として全国から陳情する人が門前列をなしたといわれる田中角栄（第64・65代総理大臣、在任期間昭和47～49年）の邸宅（89ページ②）が挙げられる。田中邸は、目白通りを隔てて日本女子大学の正門と向き合い、少し離れて西側には、学習院の中学から大学までのキャンパスが広がっている。こうした名門の学校がある田中邸付近からは、神田川越しに、「在野精神」をうたう早稲田大学を見下ろすことができる。与党自民党の大将格の人物が邸宅を構えるには、うってつけの地といえよう。

目白御殿の中には、一尾数十万とも数百万円ともいわれた艶やかな錦鯉が数多く泳ぐ池があり、それに下駄履きで餌を与える田中角栄首相の姿がよく報道された。彼は自分を高等小学校卒（実際は夜間の工業系専門学校卒）であり庶民派だ、と演説などでアピールし

「庶民派宰相」と呼ばれたが、どう考えても邸宅のある場所は庶民派という言葉にふさわしくない。もう一つの愛称の「今太閤《いまたいこう》」という言葉の方が、その邸宅との相性としてしっくりする。

かつての田中角栄邸の一部は、長女の眞紀子が相続の際に物納し、文京区立目白台運動公園の一部になっている。木々は伐採されてすっきりとしたスポーツ公園だ。首相を退き目白の闇将軍といわれた後も政治の采配を振るった深謀遠慮の地、といった雰囲気はまったく消え去っている。

神田川沿いの丘の上で、もう一つ名高い「権力の館」が、「音羽御殿《おとわ》」と呼ばれた鳩山一郎の邸宅、現在の鳩山会館（③）だろう。目白台の東どなり、小日向台の丘が岬のように神田川の低地にせり出した先端近くに位置している。鳩山会館は現在一般に公開されていて、邸内と庭を見学することができる。

鳩山会館の門は、目白台と小日向台との間に伸びる音羽通りの谷底にある。門を入ると、「く」の字形に坂道を上っていく。かなり上ったと思った所に、忽然と美しい洋館が現れる。この邸内の坂道は、近くの谷底に立つマンションを目安にすると、その七階分の高低差をいっきに上ってしまうものである。

鳩山和夫（元衆議院議長）がこの音羽の地に居を構えたのが明治24年。関東大震災の翌年の大正13年に、その長男、鳩山一郎（第52・53・54代総理大臣、在任期間昭和29～31年）が、現在の洋館を建てた。鳩山一郎が中心となって行われた昭和20年の日本自由党の結党の際など、この洋館がたびたび会合の場として使用された。その後も音羽御殿は、一郎の長男の鳩山威一郎（元外務大臣）、孫の鳩山由紀夫（第93代総理大臣、在任期間平成21～22年）、邦夫（元文部大臣）にいたる政治家一家のゆかりの建物として世に知られてきた。一郎と一郎夫人の没後は建物の傷みが目立っていたが、平成8年大規模修復工事が完了し、一般公開されるようになった。

現在音羽通りには、鳩山会館を見下ろせる高さとなる10階建て以上のビルが立ち並んでいる。しかし会館敷地内のイギリス風庭園は、庭を囲みこむように植えられた背の高い木々によって完全に遮断され、上から覗き込まれることはない。都心近くにありながら、ここには、下界とはまったく異なる独立した丘といった空気が漂っている。京都のように盆地の内部が平坦な町には存在しない地形であり、鳩山家はそこへ邸宅を構えた。まさに近代、東京風の権力の館といった感を深くする。

神田川を南に望む丘には、この他、一族に総理大臣を出した家も挙げればさらに多くなる。椿山荘のすぐ西側に、肥後細川庭園（④）がある。江戸時代熊本藩細川家の抱屋敷だった所で、整備が進み平成29年に新江戸川公園から名称変更した。背後の台地を山に見立てた池泉回遊式庭園が広がり、江戸時代の大名屋敷の雰囲気を伝えている。台地の上には旧熊本藩主細川家伝来の美術品を収蔵、展示する永青文庫《えいせいぶんこ》が立つ。第16代当主の細川護立によって設立されたもので、その孫が第79代総理大臣（在任期間平成5～6年）の細川護《もり》熙《ひろ》である。

神田川の谷を上流へと向かい、山手線の外側まで行けば、落合村（現新宿区下落合2丁目）に近衛文麿邸（第34・38・39代総理大臣、在任期間昭和12～14、15～16年）があった。ただし近衛は、この本邸ではなく郊外の中央線荻窪駅の南側に所有していた荻外荘《てきがいそう》という別邸の方が気に入っていて、総理在任期間など、ほとんどそちらの方に住んでいた。この

鳩山会館。洋館の前にバラ園もあり、まさに御殿という雰囲気

肥後細川庭園。江戸時代の大名屋敷の雰囲気を残している

大隈庭園。江戸時代以来の大名庭園だが、付近では珍しく平地にある

荻外荘も神田川の支流である善福寺川を見下ろす丘に位置している。

下落合の近衛家本邸のあった場所の一部は、現在、広さ2万8000平方メートルのおとめ山公園（101ページ⑦）になっている。この公園の特徴は、今も水が湧き出ている現役の湧水源が園内にあることだ。山手線沿線とその内側一帯といった都心部で最大級の水量といっていい。といっても三多摩地区の湧水などとは異なり、ちょろちょろとした流れ程度なのだが、ともかく都心部においてかつての湧水はほとんどすべてが枯れてしまっているので、これだけの水量がある所は貴重である。

以上の大邸宅のように丘の上ではなく、谷の中の低地に位置して異彩を放っているのが、大隈重信邸（⑤）である。現在その一部は大隈庭園となっている。大隈重信も第8・17代総理大臣（在任期間明治31年、大正3～5年）を務めている。この地に住んだのは、大隈が創立させた東京専門学校（現早稲田大学）の隣接地といった理由もあるかもしれない。

大隈邸は山縣有朋邸（椿山荘）と300メートルほどしか離れていない。この二人は共に1838年生まれで幕末に尊皇派として頭角を現わし、明治新政府では要職を歴任してきた。だがその経歴は、邸宅が丘の上と下にあることに象徴されるように対照的である。山縣は薩長藩閥の最高実力者であり、陸軍の法王とも呼ばれた。大隈は打倒藩閥政治を目指し、立憲改進党などを作った政党政治家である。まさに政敵となる関係だ。その大隈は日夜、自宅では山縣に見下ろされていた形であり、どんな気分だったろうか。それに言及した資料を寡聞にして目にしたことがないので分からないが、大隈の方が後からこの地に来ているので、案外気にしなかったのかもしれない。

坂本龍馬、西郷隆盛、大久保利通、伊藤博文といった維新の立役者が皆、幕末から明治時代にかけて暗殺や戦死しているのに対し、山縣と大隈は天寿をまっとうし、これも同じ大正11年に83歳で亡くなっている。山縣は位人臣《くらいじんしん》を極めたものの国民に人気がなかった。二人は葬儀の場所まで同じで日比谷公園にて行われたが、山縣の葬儀への参列者は、大隈の葬儀の十分の一ほどしか集まらなかった。大隈の人気は、学校を設立したり片足を失なったり野党時代が長かったりなど、判官贔屓《ほうがんびいき》の国民性にもよるだろう。大隈邸も広かったが、庶民を見下ろすことなく神田川の低地に住んでいたことも、人気の一端だったかもしれない。

大隈庭園よりやや上流側、北向きの斜面下には甘泉園《かんせんえん》公園（⑥）がある。徳川御三卿清水家の下屋敷のあった所で、当地に湧く水が茶の湯に向いていると名声が高かったので、この名称となった。西早稲田、戸山方面の台地からの湧水を集めたものと推測できる。北側の目白台とは違って、南側の地層に含まれるミネラルが、茶の湯に向いていたのかもしれない。

【地形読み取り散歩】

鳩山会館

鳩山会館

この邸宅が立地する地形の魅力もさることながら、ここではやはり、洋館の魅力に心を奪われる。バラの咲くイギリス風庭園の前に立つ外観だけでなく、アダムスタイルの応接室、鳩をモチーフにしたステンドグラスなど、細部にいたるまで見どころはつきない。

付近の音羽通りから路地に入ると、崖下に古い家屋が密集し、屋敷町と庶民の町の対比に出会うこととなる。

入館有料、休館日あり。

のぞき坂

のぞき坂

目白台と神田川の低地を結ぶ数多くの坂の中で、というよりも、都内で自動車が通行可能な坂の中で、最急勾配クラスといえる坂。坂上に立ち、恐る恐る下をのぞき見るほど急なことから名が付いたともいわれる。

おとめ山公園

おとめ山公園

おとめ山とは、「御留山」と書き、江戸時代この付近は徳川家の狩猟地で、一般の人が立入禁止だったことを意味する。明治時代以後は、この付近を近衛家と相馬家が所有し邸宅を建てた。戦後は一時荒れ果てて「落合秘境」と呼ばれていたが、その後近衛家のあったおとめ山の東半分（山手線線路側）は住宅地となり、西側にあたる相馬家の土地が、新宿区立おとめ山公園となった。2014年に拡張整備されている。入園無料。

⑪神田上水――日本で初めて作られた都市水道

拝まれる対象から疫病神への転落

神田川を語るにあたり、神田上水を忘れてはならないだろう。江戸の飲料水確保のため、いわば日本で初めて作られた都市水道である。関口の地（現在の文京区関口、大滝橋付近）から江戸市中へと建設された。前述のとおり江戸城下では井戸を掘っても塩水が混じってしまうので、都市の発展のためには上水道の整備が必要不可欠だった。

まず神田川からの取水地として、当時「関口大洗堰《せきぐちおおあらいせき》」（105ページ⑧）と呼ばれた堰を設け、神田川の流れを二筋に分けた。堰で水位の上がった所で取水された水は神田上水へと流れ、残りの水は堰から大滝となって落ち、そのまま神田川を流れくだった。

神田上水は取水口から先、神田川の北側、やや標高の高い所を並行して流れ、水戸徳川家上屋敷（現在の小石川後楽園と東京ドーム）の中（⑨）を通って、水道橋駅付近の御茶ノ水寄り地点で神田川を木製の樋《とい》の橋（⑩）で越えた。ここが「水道橋」の地名の語源である。この先からは幾筋にも別れ江戸の町中に水を供給した。

江戸の上水としては玉川上水が有名だが、玉川上水の完成は江戸幕府が開かれてから50

年後の1653年であり、神田上水の完成年月はそれより早い（神田上水の起源は諸説あり、初期は水の取り入れ口が、小石川の流域だったとの説もある）。

関口大洗堰の背後の丘には、江戸時代、目白不動（⑪）と呼ばれる大きなお寺があった。見晴らしのいい境内には茶屋や料理屋が並び、常に参拝客で賑わっていた。

丘の下の関口大洗堰周辺も、春は花見、夏は堰の滝に涼を求めたり蛍狩を楽しんだりする人、秋は虫の音を聞く人など、多くの人が訪れたという。河畔には舟を出す店や茶屋が並び、江戸の町民にとって手軽な物見遊山の地として有名な場所となった。俳人、松尾芭蕉もこの地を気に入り、関口大洗堰のやや上流に庵を結んで、四年間ほど暮らしていた。芭蕉の没後、この庵は関口芭蕉庵と呼ばれ、芭蕉を慕う人たちにとって聖地のような存在となっていく。現在立つ芭蕉庵（⑫）は戦後に再建されたものである。

芭蕉庵の隣には、目白台の木々

昭和８年に廃止以前の関口大洗堰。右側木の陰に取水口がある

現在の水道橋駅付近から見た神田川にかかる懸樋（水道橋）。明治８年頃

小石川後楽園内の復元・神田上水

神田上水懸樋（水道橋）跡の石碑

神田上水の復元 小石川後楽園内

水戸徳川家上屋敷の一部を利用して作られた日本庭園で、池を中心にして随所に円月橋など中国にちなんだ景勝を配している。池の奥には、屋敷内を流れていた神田上水が復元されて水が流れている。江戸庶民の飲み水となる貴重な上水を敷地内へと取り込むことが許されたことは、この庭園を整備した二代藩主、水戸光圀など、徳川家の権力を伺わせる。入園有料、休園日あり。

「水道橋」跡 神田上水懸樋跡の石碑

小石川後楽園の中を通った神田上水は、長さ約13メートルの懸樋で神田川の上を通った。「水道橋」の地名の語源である。懸樋の両端部の水路は、川の上に橋渡しされた懸樋部分より低いが、それより上流部の水位を高くすることにより、サイフォンの原理で水が通された。樋があった地点に石碑が立っている。

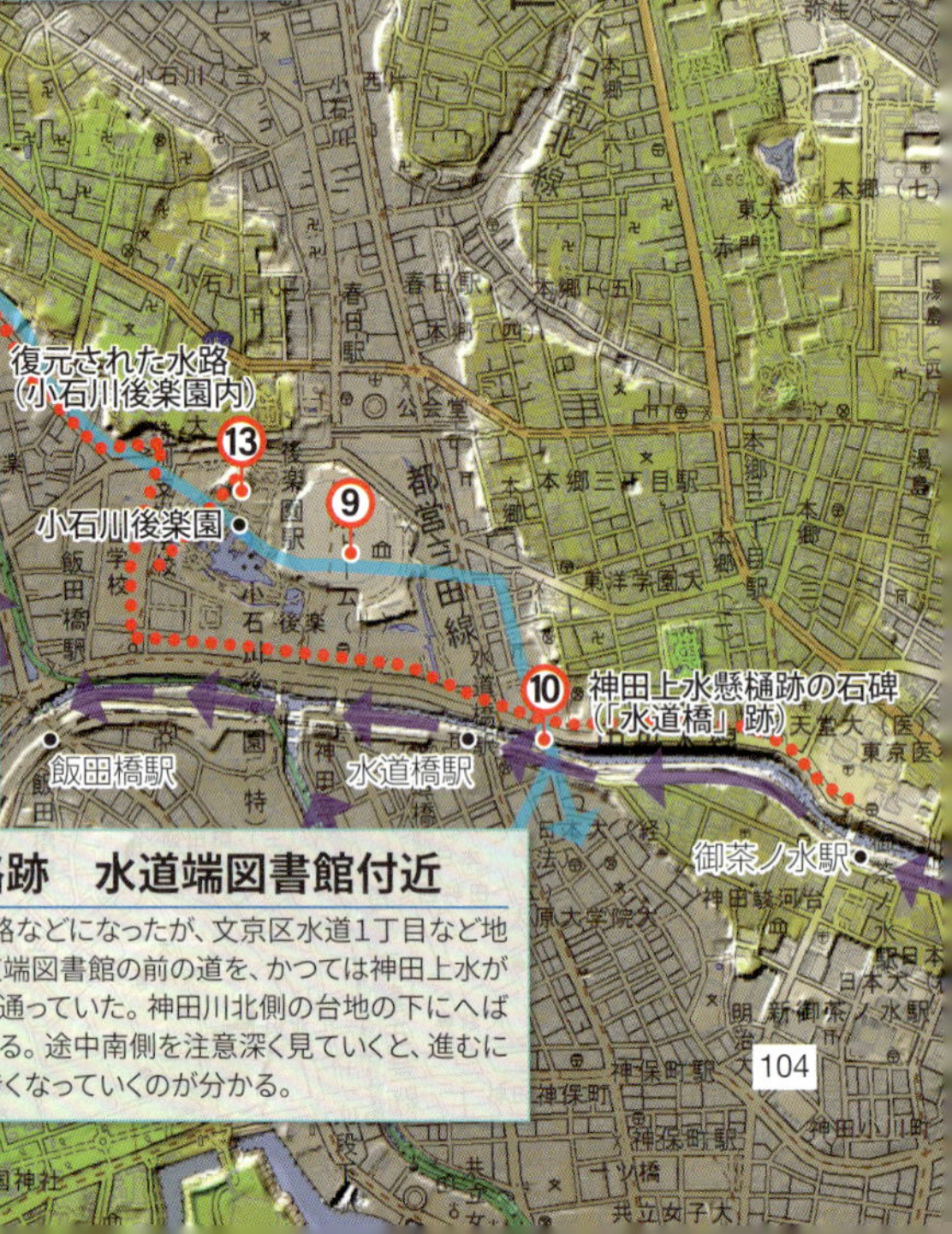

神田上水の水路跡の道（水道２丁目付近）

神田上水の水路跡　水道端図書館付近

神田上水のルートは多くが道路などになったが、文京区水道1丁目など地名として残っている。区立水道端図書館の前の道を、かつては神田上水が開渠（蓋をしていない水路）で通っていた。神田川北側の台地の下にへばりつくようにコースを取っている。途中南側を注意深く見ていくと、進むに連れ神田川との標高差が大きくなっていくのが分かる。

関口大洗堰跡の碑

神田上水の取水口　関口大洗堰跡の碑

大滝橋のたもと、江戸川公園の中に、神田上水の由来が書かれた碑がポツンと立っている。関口大洗堰はこの場所にあった。そこから伸びる水路の痕跡は失われ、江戸時代、この川辺が行楽客で賑わった光景を想像するのは難しい。江戸川公園背後の丘へと目白坂を登ると、目白不動は無くなったが、お寺や神社が多く、今も風情ある雰囲気の地にたどり着く。

を借景のようにして、今も関口水神社の小さな祠が立っている。江戸時代にはこの神社へと、神田上水の恩恵に浴している神田・日本橋方面からの参詣者が数多く訪れた。

このように愛された神田上水だったが、外国との交流が盛んになった幕末以降明治時代前半にかけて、人々から目の敵にされるような上水道となってしまう。何度か襲ったコレラの世界的な流行に合わせて、神田上水が、途中汚物の流入などでコレラの感染源となったためである。東京でも多くの死者が出た。近代上水道の建設が急務とされ、明治31年に淀橋浄水場が完成すると、明治34年、神田上水の飲料水としての使用は廃止された。その後も、水戸徳川家上屋敷跡に設置された東京砲兵工廠《ほうへいこうしょう》の工業用水として使用されていたが、砲兵工廠の移転を前にして、昭和8年に完全に廃止となった。

現在、大滝橋付近に、関口大洗堰の痕跡はいっさいない。碑が立っているだけである。神田上水の晩年は、それまでの、感謝されお参りされる対象から、疫病神のような存在になってしまったので、取り壊す際、記念に何か残そうなどという気分になれなかったのかもしれない。唯一、小石川後楽園（⑬）の中に神田上水の水路跡が残り、今は整備されて水が流れている。

ところで、江戸市中に水を供給するなら、市中にもっと近い水道橋付近に神田川からの取水口を設け、そこから流せばいいようにも思える。なぜその上流3キロ以上の地に、取水口を設けたのだろうか。

　理由の一つは、少しでも標高の高い上流側に取水口を設けたかったためだが、もう一つの理由として、水道橋付近の神田川では、東京湾の潮の干満の影響を受け、川の水に塩水が混じっているためである。神田川はその中流域ともいえる江戸川橋（⑭）付近まで、海の水が大潮の満潮時などに遡ってくる。現在のように神田川が深く浚渫され、両側をコンクリートで固められる前の大正時代でも、江戸川橋付近まで、ハゼやボラといった海水が混じっても棲める魚がいたという記録がある。

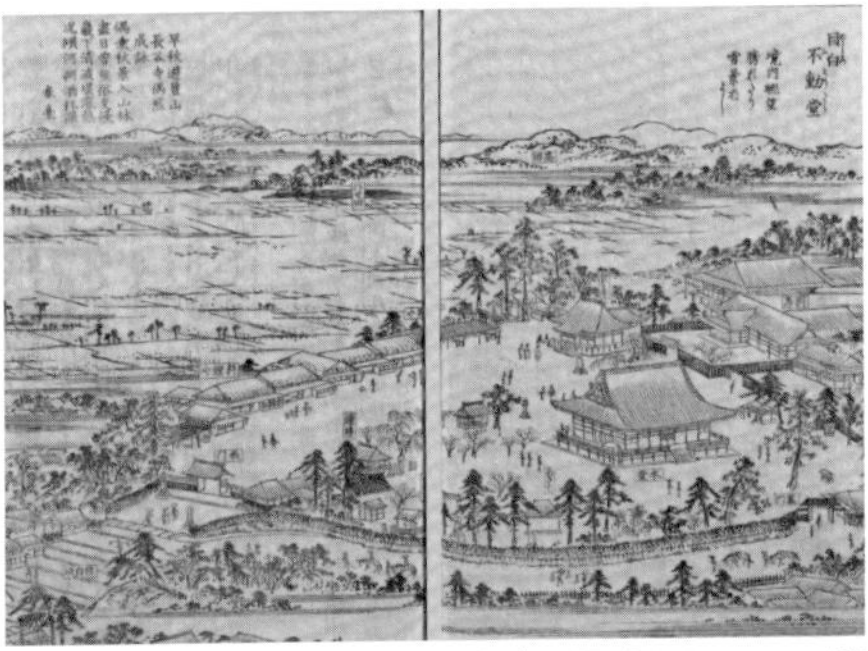
「目白不動堂」（『江戸名所図会』）。見晴らしのいい境内の直下に神田川が流れている

関口水神社。水への感謝から江戸時代に賑わった面影は失せている

MAP◆神田川を見下ろす高台（大正６年）

①山縣有朋邸（現椿山荘）
②後の田中角栄邸となる地
③鳩山一郎邸（現鳩山会館）
④細川侯爵（旧熊本藩）邸（現肥後細川庭園）
⑤大隈重信邸（現大隈庭園）
⑥相馬永胤（専修大学創立者）邸（現甘泉園公園）
⑦相馬子爵（陸奥中村藩）邸（現おとめ山公園）
⑧関口大洗堰
⑪目白不動（当地に現存せず）
⑫芭蕉庵
⑭江戸川橋
⑮東京陸軍兵器支廠（現筑波大学付属高校、お茶の水女子大）
⑯近衛公爵（摂家）邸（現日立目白クラブなど）

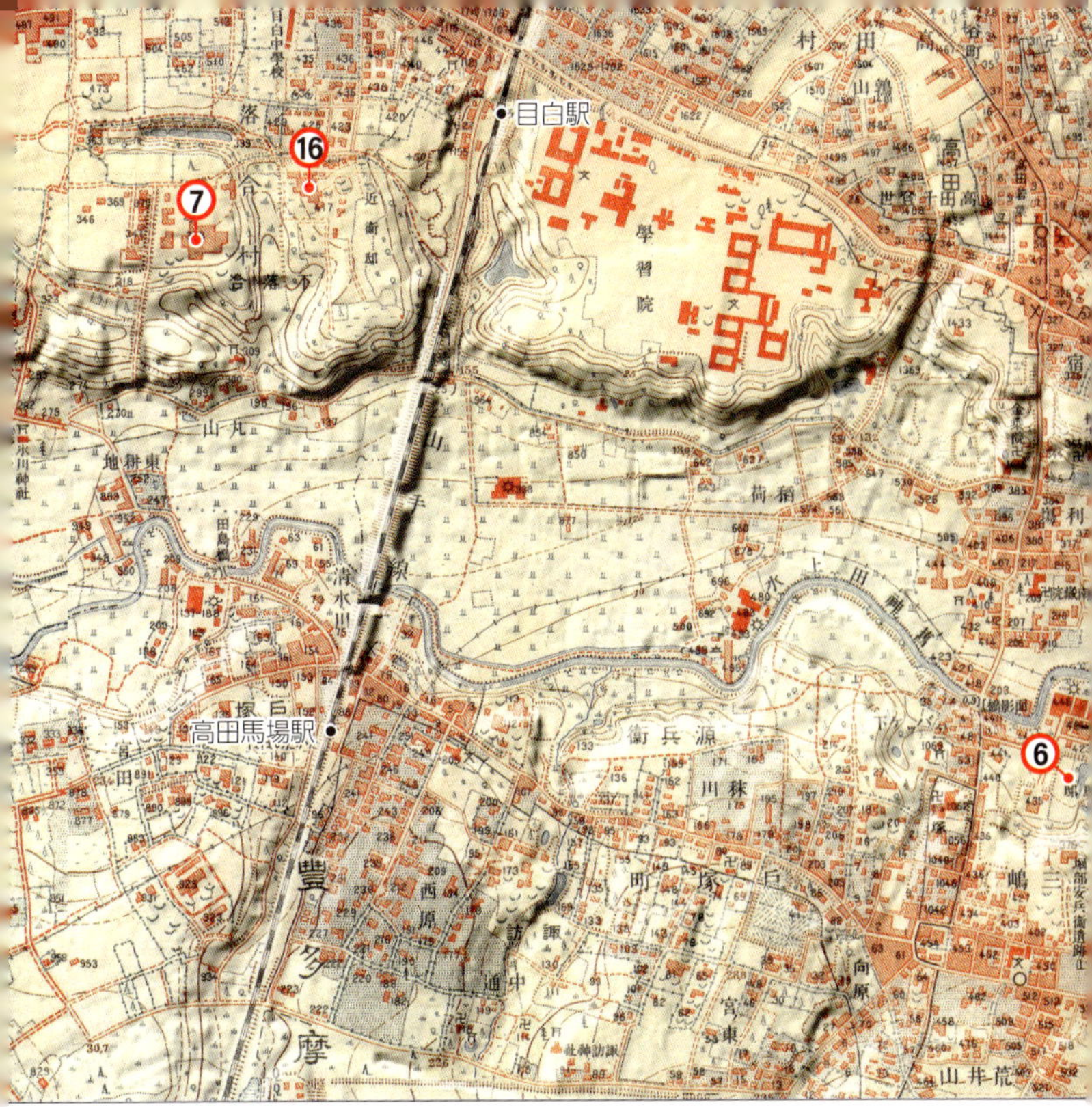

大正6年地図――神田川を見下ろす高台

神田川の北側、目白台の丘上には西の相馬邸（⑦）から椿山荘（①）、小日向台には鳩山邸（③）など、大邸宅が並んでいる。

地図の右半分、都心側が家屋の立ち並ぶオレンジ色、左半分が畑や水田、林など薄茶色の多い地となっている。当時はちょうどこのあたりが、都心と郊外の境だった。

地図を左右に横切る神田川は、一部で激しく蛇行している。現在は105ページの地図と比べて見ると分かるように河川改修が進み蛇行が解消されている。現在甘泉園公園となっている相馬邸（⑥）北側の蛇行、同じく肥後細川庭園となっている細川侯爵邸（④）西側の蛇行（都電早稲田停留所付近）は、現在神田川は直線化されているものの、当時の蛇行部分がほぼそのまま新宿区と豊島区（一部文京区）の区界のラインとなり、当時の川の姿を今に伝えている。この付近、現在の区界線が複雑なのはそのためである。

⓬小石川・大塚界隈
今はなき、大邸宅にあった池の数々

神田川の支流として、かつて小石川という川があった。山手線大塚駅の北側から現在の千川通りに沿って流れ、水道橋駅近くで神田川に合流していた。今はすべて暗渠《あんきょ》となっていて、川の痕跡もほとんどない。小石川植物園など、小石川は地名としてはよく知られているが、そうした名の川が流れていたことを知る人は少ないだろう。

112ページの大正6年の地図を見ると、面白いことに気づく。池が連なるようにたくさんあることである。それらの池は現在小石川植物園の中の池を除けばもはや一つもない。前述の目白台下にも池が多かったが、都心付近でこれほど連なるようにして池があることでは、小石川が一番だった。

同地図ではやはり南側の大学植物園（112ページ①）、現在の小石川植物園が目につく。江戸時代は薬草園や小石川療養所があった場所である。明治になって東京大学の付属施設となって、通称小石川植物園として一般公開されるようになった。現在にいたるまで敷地内は木々に覆われていて、低地の池から丘の上までを散策することができる。

小石川植物園。園内に立つ旧東京医学校本館（明治９年建築）

その西側では、高等師範学校（②）も広い土地を占めている。戦後は新制大学として国立東京教育大学となり、現在は筑波大学付属小学校と文京区立教育の森公園となっている。江戸時代は陸奥守山《むつもりやま》藩（現郡山市）松平家の上屋敷だった。

教育の森公園が明るく広々として子どもたちの遊び場として賑わっているのに対し、その隣にある占春園《せんしゅんえん》（筑波大学付属小学校の校地だが一般公開されている）は、近年池周辺の整備が進んだが、それでも訪れる人は少なく忘れられたような雰囲気の場所である。かつてこの付近に多くあった大名屋敷の庭を彷彿させてくれる。

ここから大塚駅方面が、かつては都内

MAP◆小石川・南大塚（大正６年）
巣鴨駅
大塚駅
⑧ 岩崎邸（現六義園）
⑨ 現大和郷と呼ばれる高級住宅地
⑦ 谷端川（現大塚三業通り）
⑤ 松浦伯爵（平戸藩）邸（現住宅地）
谷端川
④ 川崎八右衛門邸（現住宅地）
伊達侯爵（宇和島藩）邸（現住宅地）⑥
③ 土方久元邸（現住宅地）
大学植物園（通称小石川植物園、現東大付属植物園）①
東京高等師範学校（現筑波大学付属小学校、教育の森公園など）②
東京陸軍兵器支廠（現お茶の水女子大、筑波大付属高校）
小石川

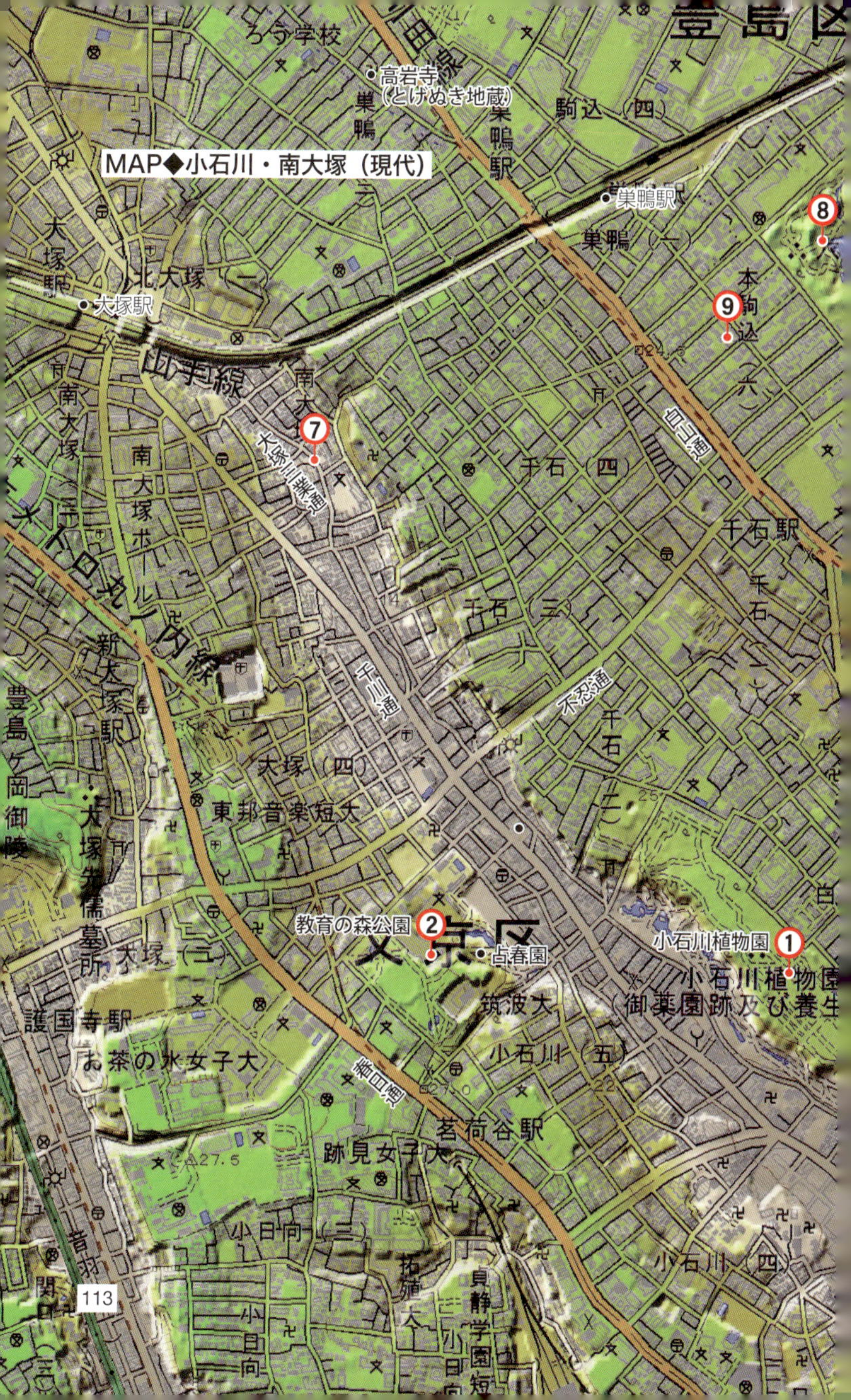
MAP◆小石川・南大塚（現代）
豊島区
ろう学校
高岩寺（とげぬき地蔵）
巣鴨
巣鴨駅
駒込（四）
巣鴨駅
巣鴨（一）
大塚駅
大塚駅
北大塚（一）
山手線
本駒込（六）
南大塚
大塚三業通
白山通
千石（四）
千石駅
千石
千石（三）
不忍通
千川通
千石（二）
東京メトロ丸ノ内線
新大塚駅
豊島ケ岡御陵
大塚先儒墓所
大塚（四）
東邦音楽短大
教育の森公園
文京区
占春園
小石川植物園
小石川植物園（御薬園跡及び養生
筑波大
大塚（三）
護国寺駅
お茶の水女子大
小石川（五）
春日通
茗荷谷駅
跡見女子大
小日向（三）
拓殖大
貞静学園短大
小石川（四）
音羽
関口
小日向

で最も多くの池が川沿いにあった場所だった。大正6年の地図では小石川の東側斜面には土方久元伯爵（宮内大臣などを歴任）邸③、川崎八右衛門（川崎財閥創始者の一族）邸④、松浦伯爵（旧平戸藩主）邸⑤などが並んでいる。丘の上に本邸、丘の下の庭に池といった作りとなっているのが分かる。

そうした大邸宅に向き合うようにして対岸の低地に広がる伊達侯爵（旧宇和島藩主）邸⑥は、地図を見ると南北150メートル近くある巨大な池が描かれている。敷地は南北約400メートルに及んでいる。伊達家の下屋敷だった所だが、大正時代になってもそのまま伊達家の邸宅になっていたようだ。

現在この一帯にあった大邸宅の敷地は、細かく分譲され住宅が建て込んでいたり、広い敷地を活かして大規模マンションへと生まれ変わったりしている。最も大きな池のあった伊達侯爵邸の地も、落ち着いた住宅地になっていて、かつて池が点在していた光景などまったくといっていいほど想像できない。

教育の森公園の近くに現在太田胃散の本社があるが、同社では明治時代、近くを流れる小石川の川畔に水車を置いて、薬を砕いて粉末にする動力にしていた。そうした話を聞いて川のあった往時を偲ぶばかりである。

こうしてみると、神田川の目白台付近に点在した池は、現在まで残されたものが多いの

旧伊達邸のあったあたり。大木がかつての名残だろうか（大塚４丁目）

旧川崎邸のあったあたり。階段の上と下に邸宅が広がっていた（千石３丁目）

旧川崎邸のあった丘から小石川が流れていた千川通り方面を望む

に対し、小石川沿いの池は、小石川植物園内など大きな施設の中を除いてすべて埋められてしまった。この違いの最大の理由は、目白台が南向きの丘だという点にあるのではないだろうか。南向きの斜面がこれだけ続く地は都内で他になく、不動産的価値が高いので、高い関心を集めむやみに細かく分譲されなかったように思える。

小石川（という川）は、上流の大塚駅など豊島区付近では、谷端川《やばたがわ》と名を変える。大塚駅から大塚三業通り（⑦）が伸びているが、ここは谷端川の跡を道などにした商店街だ。三業とは料理屋、芸者置屋、待合が許可されたいわゆる花街のことで、戦前には数百人の芸者がいたという。現在も割烹料理店など歴史ある店が散見される。

【地形読み取り散歩】

小石川植物園

小石川植物園

5代将軍徳川綱吉の時代、薬となる植物を栽培する御薬園がこの地に移設されてきたのが始まり。8代将軍吉宗の時代、貧しい病人のための小石川療養所がこの地に作られた。明治以後は東京帝国大学の付属施設となる。園内の池の水こそ人工的に汲み上げたものになったが、江戸時代以来、ほぼ変わらない地形と環境を保っている。入園有料、休園日あり。

胸突坂。木々に覆われ薄暗く、やや急な坂

肥後細川庭園周辺の坂

このあたりは目白台の名所が集まっている所で、坂道を三度四度と上り下りすることを覚悟してしまえば、充実した散策コースとなる。肥後細川庭園の中を永青文庫へと上る山道のような土の道、肥後細川庭園と椿山荘の間、麓に水神社のある胸突坂、肥後細川庭園西側、目白台運動公園へと上る坂などである。いずれの坂も登りきると新目白通りに出る肥後細川庭園は、入園無料。

占春園

教育の森公園と占春園

高等師範学校（後の東京教育大学）跡地のうち、西側の台地部分が区立教育の森公園、小石川の谷部分が占春園と呼ばれる庭園となっている。占春園は水戸徳川家2代光圀の弟、松平頼元の屋敷だった地で、ホトトギスの名所として知られていた。近年やや荒廃した雰囲気で、訪れる人も少なかったが、筑波大学同窓会などにより、池の水を抜くかいぼりが行われるなど、名園復活へ向けての活動が行われている。入園無料。

神田川の呼称

地下鉄有楽町線に江戸川橋駅があるように、神田川の中流域（飯田橋から大滝橋間）は、江戸川と呼ばれていた。江戸川という名の川が、東京と千葉の都県境を流れる川と共に、二つ存在したわけだ。

この江戸川の続き、飯田橋より下流を神田川、御茶ノ水付近に対しては仙台伊達藩が掘削したので仙台堀と呼び、中世以来の神田川の下流部だった現日本橋川を、平川と呼んだ。

また大滝橋より上流は、昭和39年の河川法改正まで、神田上水と名付けられていた。当時の人にとっては、大滝橋より下流の人工水路である区間も、上流の井の頭池までの自然河川区間も、市中に水をもたらす繋がった川という感覚があって、共に神田上水と呼んでも違和感がなかったのかもしれない。

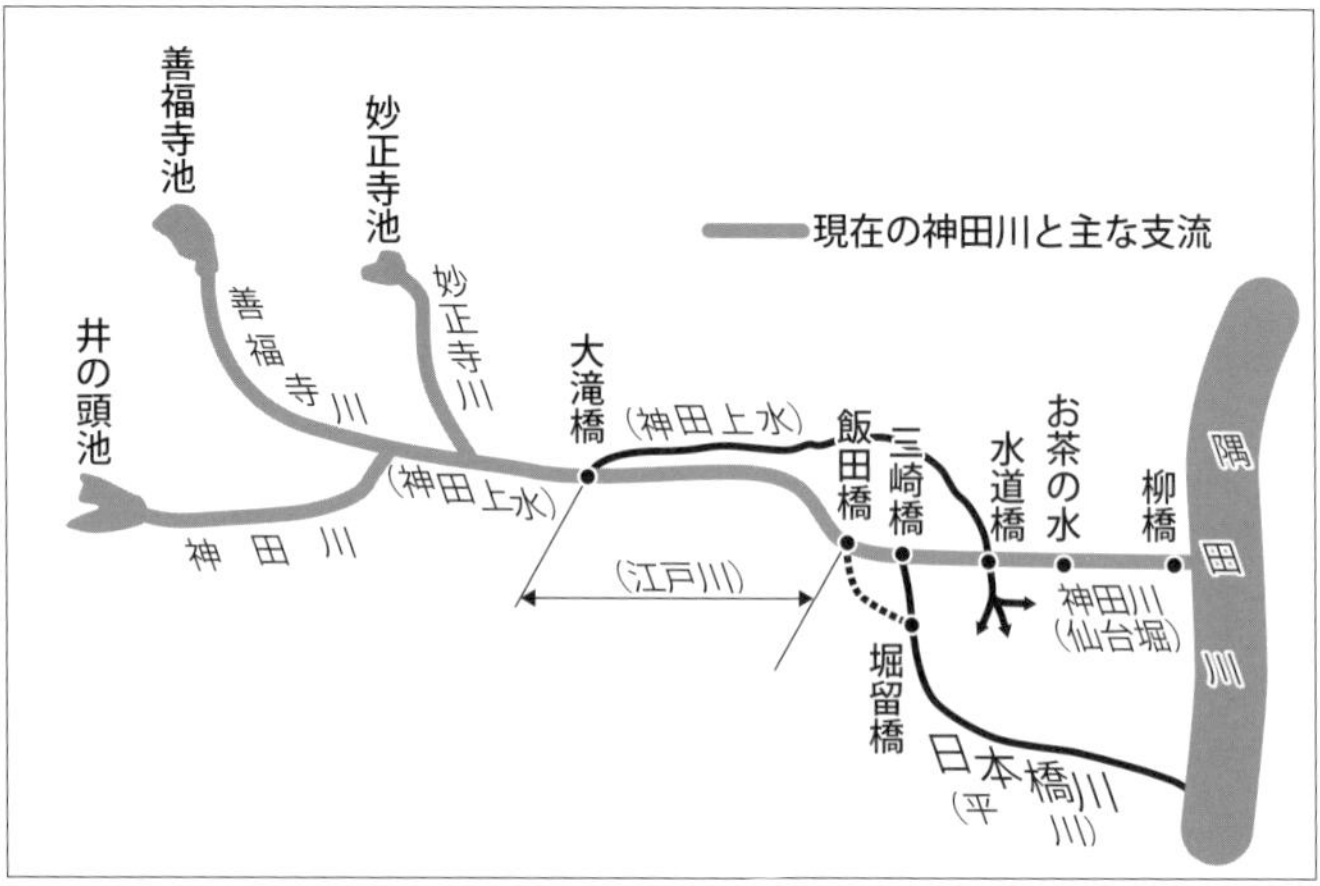

【第三章】

複雑な谷が生んだ文化

六本木
5
4
飯倉台地
2
外苑東通り
3
1
六本木ヒルズ
新橋駅
6
10
9
7
8
一ノ橋
16
三井倶楽部
浜松町駅
麻布台地
港区
13
12
11
天現寺橋
古川
古川橋
田町駅
14
泉岳寺
高輪ゲートウェイ駅
白金台地
20
高輪台地
19
品川駅
五反田駅
15
18
17
大崎駅
東京モノレール
品川区

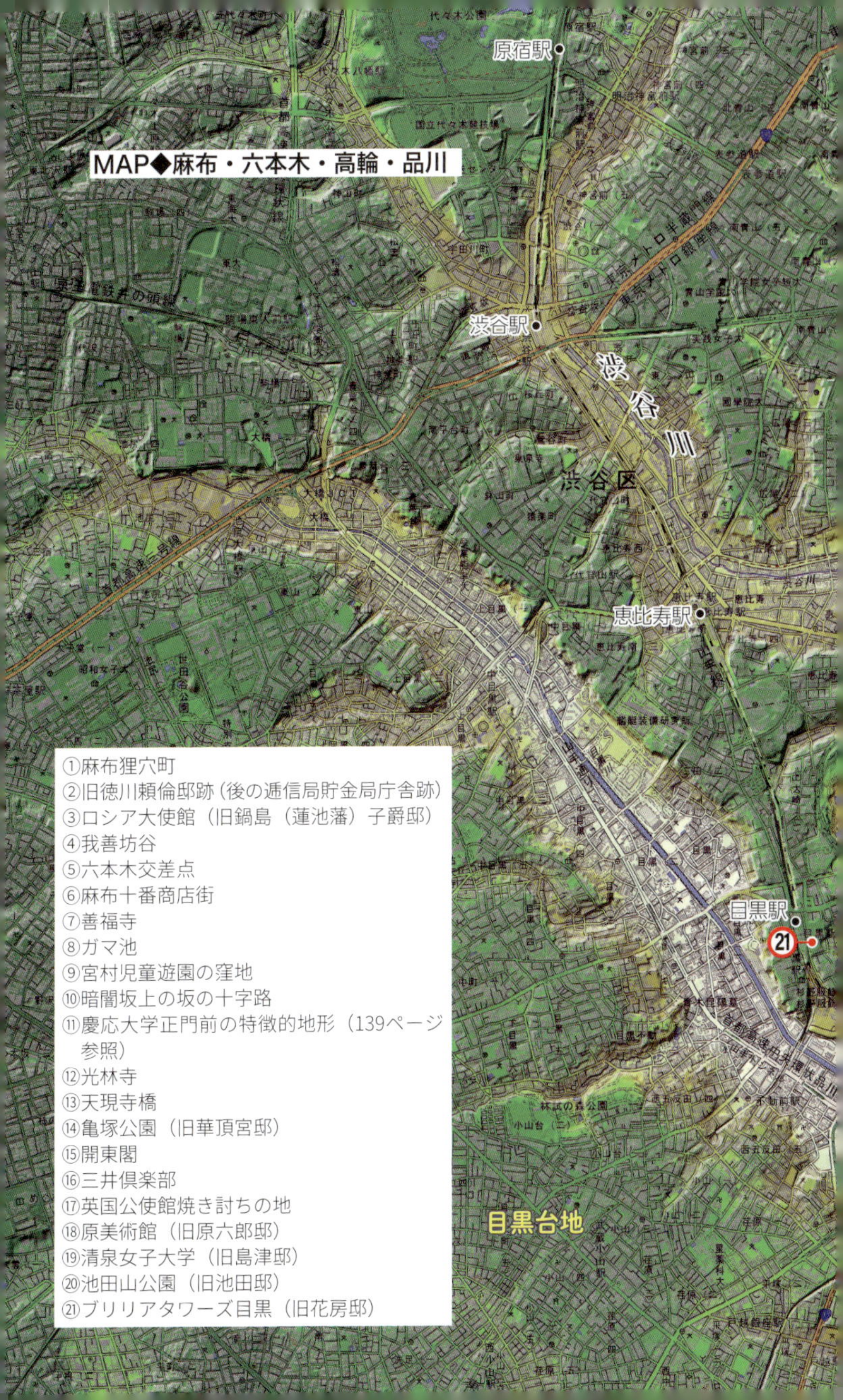

MAP◆麻布・六本木・高輪・品川
原宿駅
渋谷駅
渋谷川
渋谷区
恵比寿駅
目黒駅
21
目黒台地
①麻布狸穴町
②旧徳川頼倫邸跡（後の逓信局貯金局庁舎跡）
③ロシア大使館（旧鍋島（蓮池藩）子爵邸）
④我善坊谷
⑤六本木交差点
⑥麻布十番商店街
⑦善福寺
⑧ガマ池
⑨宮村児童遊園の窪地
⑩暗闇坂上の坂の十字路
⑪慶応大学正門前の特徴的地形（139ページ参照）
⑫光林寺
⑬天現寺橋
⑭亀塚公園（旧華頂宮邸）
⑮開東閣
⑯三井倶楽部
⑰英国公使館焼き討ちの地
⑱原美術館（旧原六郎邸）
⑲清泉女子大学（旧島津邸）
⑳池田山公園（旧池田邸）
㉑ブリリアタワーズ目黒（旧花房邸）

⑬古川沿岸、古い地形の台地概説

「無秩序に多い坂」に育まれた港区文化

都心の北を流れるのが神田川なのに対し、南を流れるのが古川である。神田川が、70年代フォークソングを代表するような曲『神田川』にも歌われ、比較的知られているのに対し、古川はなんとも地味で知名度が低い。日本中どこにでもありそうな名前だし、ほぼその全区間で、上を首都高速道路が走っているせいもあるだろう。

この古川が流れる谷を境として、北側には飯倉台地と麻布《あざぶ》台地、南側には高輪《たかなわ》台地と白金台地が広がっている。現在の住居表示でいえば、北側が麻布台、南麻布など町名に麻布が付く地や六本木など、南側が高輪や白金などの一帯である。いずれも流行の先端を行く街や、都心部での代表的高級住宅地といったイメージが強い。

これらの地域を歩いて行くと、六本木ヒルズなど観光バスコースにあるような大規模施設あり、高級マンションあり、各国の大使館ありといった一方で、時代に置いてきぼりにされたような古い木造住宅あり、隠れ家のようなバーあり、この先行き止まりなのか不安になるような道幅の狭い路地あり、崖下にうずくまるようにしてひっそりと墓地あり、といったものにも出会い、雑多な街並みであることが分かってくる。

まさに「高級」と「雑多」が共存している。この数年、後述する麻布狸穴《まみあな》や我善坊谷《がぜんぼうだに》（麻布台1丁目）など、木造家屋が建ち並んでいた地域の再開発が進められて「雑多」が消滅しつつもあるが、まだいくつかの地域で残っている。古いお屋敷町を歩いていたら、角を曲がると、意表を突くように崖下に密集した木造住宅が現れるなど、次にどんな光景が現れるかといった散歩の醍醐味も味わえる。

作家の永井荷風は、大正9年麻布市兵衛町（現六本木一丁目）に「偏奇館《へんきかん》」と名付けた居を構えるが、同4年刊行の随筆『日和下駄《ひよりげた》』の中で、「坂は平地に生じた波瀾である」「崖は日和下駄の散歩に尠《すくな》からぬ興味を添えしめるもの」であり、「この崖と坂との佶屈《きっくつ》なる風景を以《もっ》て、大いに山の手の誇りとするのである。」と記している。一帯の坂道は、北向きのもの、東向きのもの、二つの坂が坂上でぶつかるもの、急な階段、だらだら上りの車道など、その姿は様々なものがある。

飯倉、麻布、六本木、高輪、白金周辺の不規則な起伏が連なる特徴は、実はこれらの台地が他の東京の台地と比べて「古い年代にできあがった地形」のためである。

凸凹地図を見てみよう。飯倉台地&麻布台地と、高輪台地&白金台地では、尾根が鹿の角のように、または木の枝のように複雑に伸びているのが分かる。谷筋の方を見ても、リ

麻布台地内の入り組んだ低地には路地も多い（元麻布２丁目）

アス式海岸のように深く入り組んでいる。この特徴は、たとえば目黒川より南側の一帯（目黒台）が、のっぺりとした台地なのと比べると、違いがよく分かる。

飯倉、麻布、高輪、白金の台地（これら各台地の名称は定まったものがないようで、呼び方は『新修港区史』に倣うこととした）は、地理学的にはいずれも「淀橋台」に含まれ、淀橋台の東南部にある。

淀橋台は、周辺の他の台地より形成期が古い。この点をおおざっぱに述べれば、以下のとおりである。

関東平野南

東京の地形区分

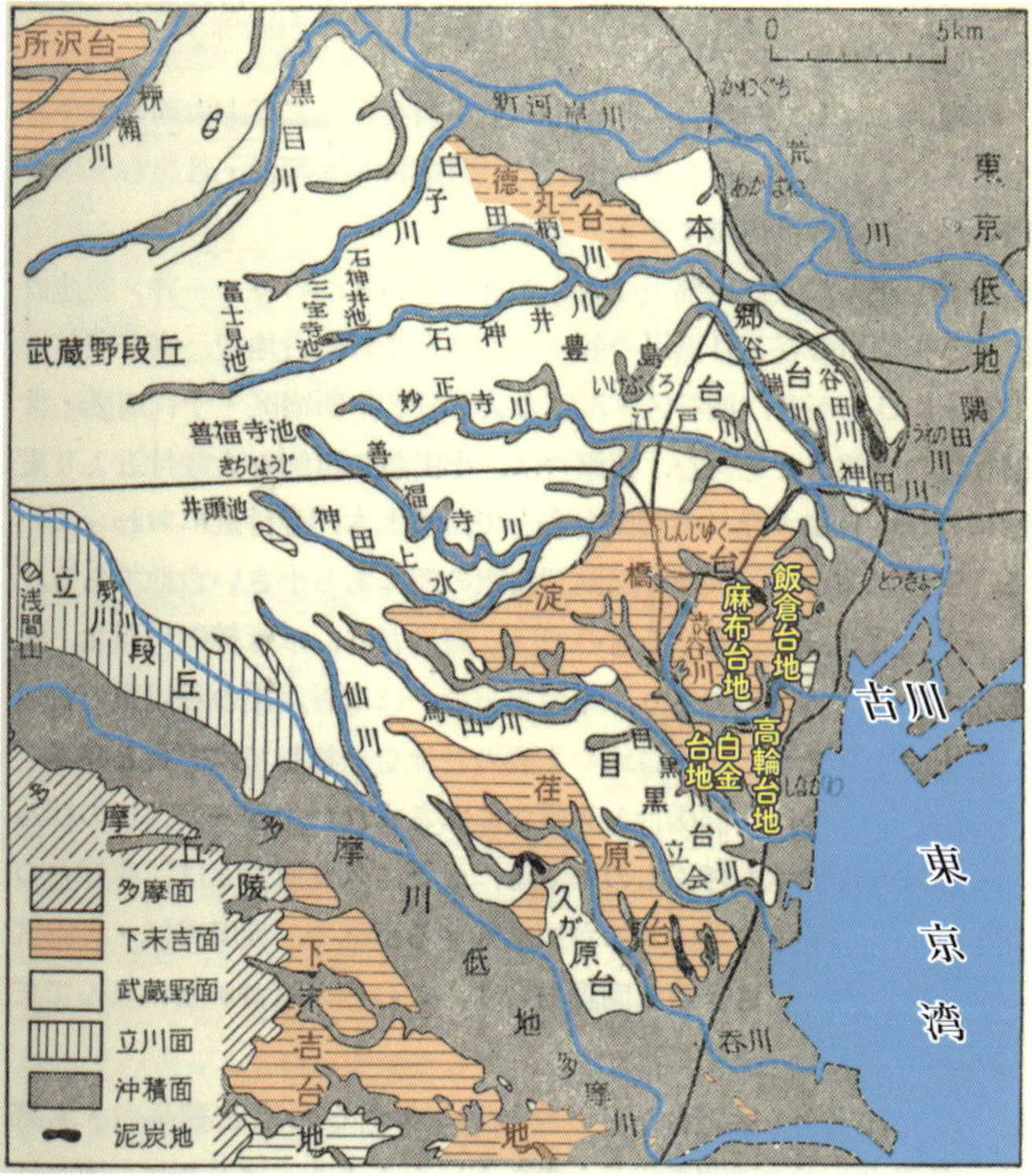

『東京の自然史』貝塚爽平著（1971年刊）所収の図に加筆・着色し、一部改訂を加えた。海岸線は刊行当時のもの

飯倉台地の南端、狸穴坂の下（麻布狸穴町）

部は数十万年前は海だったとされる。そこへ地盤の隆起や、川からもたらされた土砂の堆積、気候変化による海面の変動などにより陸地ができあがっていく。

東京周辺の地形は、武蔵野台地と下町低地とに分けられる。武蔵野台地は洪積《こうせき》台地、下町低地は沖積《ちゅうせき》低地である。武蔵野台地は、できあがった時代により淀橋台など「下末吉《しもすえよし》面」（横浜市鶴見区下末吉の地層が代表的なので名付けられた）と呼ばれる地域と、目黒台や豊島台、本郷台などの「武蔵野面」と呼ばれる地域とに分かれる。武蔵野面がまだ多摩川の氾濫原になっていて地形が確定していなかった約12万年前、下末吉面はすでに形成されている。その分、下末吉面は武蔵野面より火山灰が堆積していった年月が長いのでより厚く堆積し、雨水による台地の侵食も進んでいった。

大昔、ひとたび大雨が降ると、小さな谷ごとに川筋が生じ、斜面を削りながら濁流が駆け下り、谷がさらに深く形成されていった。東京の地形は、概して西が高く東が低い。水は低い方へ流れるので、下末吉面（淀橋台）の東側にあたる飯倉、麻布、高輪、白金の台地は、雨水による削られ方も激しかった。そのため現在のような入り組んだ地形ができあがった。

こうして水はけのいい高台と、湿気の多い低地が織りなすような地形が生まれた。そこへ人が住みついていくと、場所に応じて、多種多様な人たちが住み分けるようになった。

地形の形成に加え、その土地の歴史と文化の形成に、水と川が関係したわけである。

この一帯で、神田川沿いの目白台などにはない例として、皇族の邸宅が多かったことが挙げられる。明治から昭和戦前にかけてあった主なものを列挙してみる。

飯倉台地（六本木周辺）

久邇宮《くにのみや》邸　現東洋英和女学院

麻布台地

有栖川《ありすがわ》宮邸、後の高松宮御用地　現港区立有栖川宮記念公園

高輪台地

北白川宮邸　現グランドプリンスホテル新高輪

華頂宮《かちょうのみや》邸　現港区立亀塚公園など

竹田宮邸　現グランドプリンスホテル高輪

高松宮邸　現高松中学校、仙洞《せんとう》仮御所（旧高輪皇族邸）など

白金台地（白金台周辺）

朝香宮邸　現東京都庭園美術館

また、ちょっと変わった例では、幼少期の昭和天皇が住んだ川村純義邸も飯倉台地の現麻

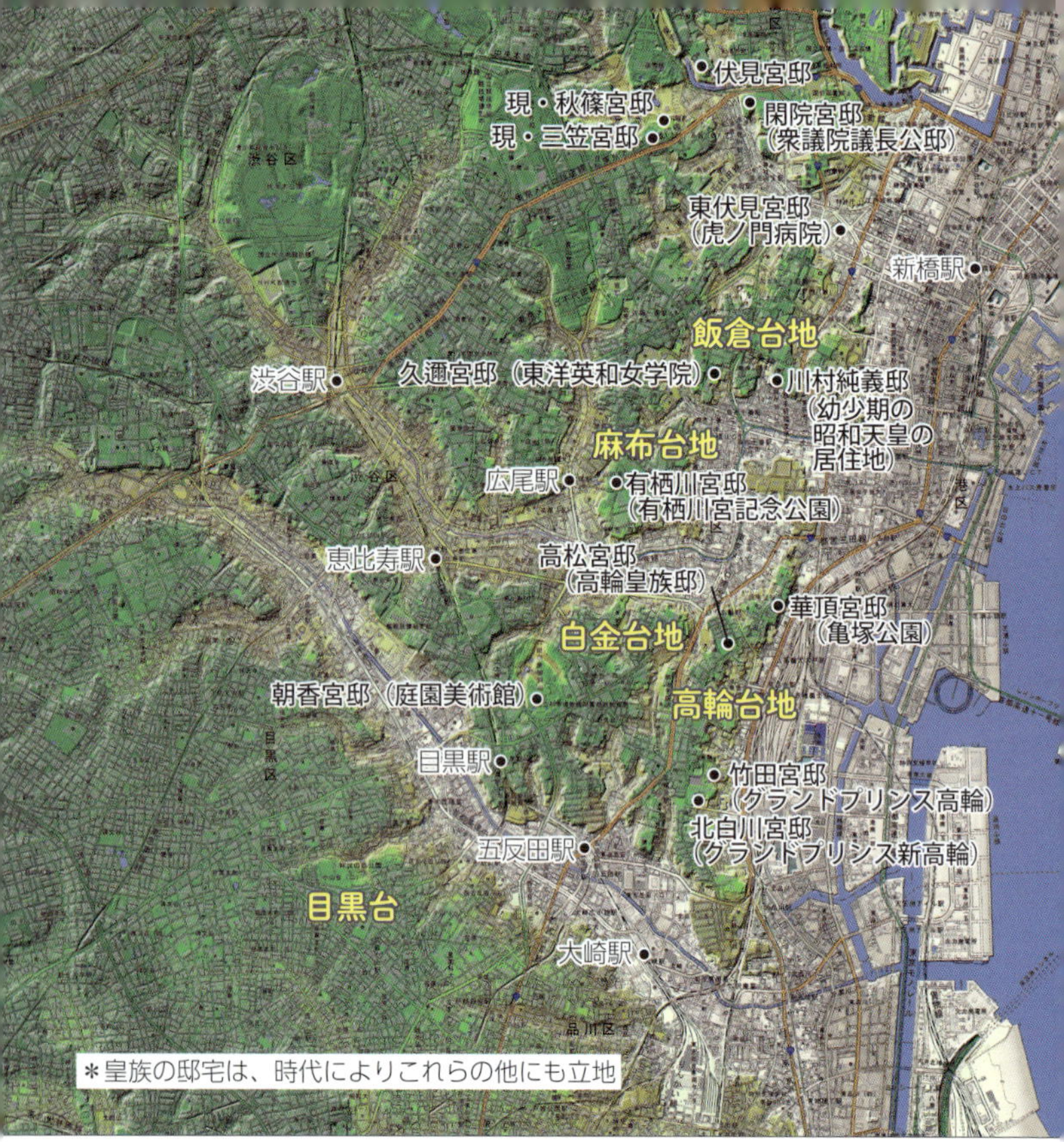

暗闇坂上。ここに坂の十字路がある

狸坂。暗闇坂近くの麻布台地にある

布台2丁目にあった。川村は薩摩出身で、海軍卿、枢密《すうみつ》顧問官などを務めたが、明治天皇からの信任が厚く、孫（昭和天皇）の養育を任せられた。川村邸は、「地勢高燥眺望明媚で、「御健康ニ適セラル、」」地としてうってつけだったという。

　これらの宮家は、高松宮を除き大正時代に断絶したり昭和22年に皇籍離脱となった家である。さらに赤坂、虎ノ門方面まで含めれば、昭和22年皇籍離脱の家の邸宅として、

東伏見宮邸　現虎ノ門病院
伏見宮邸　現ホテルニューオータニ
閑院宮邸　現衆議院議長公邸　赤坂エクセル東急ホテル

などが挙げられる。

　このようにかつての皇族の邸宅は、なぜか皇居の南側、とくに高輪、赤坂周辺といった現在の港区（一部千代田区）に集中している。都内でも、先祖の地である京都へと繋がる東海道に近い地が選ばれたのだろうか。

　ちなみに現在の秋篠宮邸、三笠宮邸は四ツ谷駅の南側、赤坂御所（旧東宮御所）のある赤坂御用地の中にある。ここも港区である。

亀塚公園。古い塀が旧華頂宮邸だったことを忍ばせる

⑭麻布、六本木、飯倉界隈

丘上の屋敷町と丘下の庶民の町

飯倉・麻布台地と高輪・白金台地には、皇族に限らず華族（旧大名家など）や財をなした企業家の邸宅も数多い。ただし丘の斜面が東西に続く目白台などと違って、こちらは地形が入り組んでいて、そもそも南向きの斜面が少ない。そのため有力者の大邸宅でも見晴らしがいい所に立地しているとは限らない。この地区は、山手の散歩の醍醐味を最も味わえる所なので、谷と丘を何回か行ったりきたりしながら見ていきたい。

古川の北側、飯倉・麻布の方から歩いていこう。まず気になるのが、地形を連想させる地名である麻布狸穴町（133ページ①）である。この町名の地は、飯倉台地の中に深く分け入る崖下にのびている。地名の由来は、マミ＝アナグマが生息していたためとも、坂下に狸の住む洞窟があったためともいわれる。町内の一部で再開発が始まる以前は、崖と崖にはさまれて谷間に潜伏するような気分で住むには、うってつけの土地だった。

その北側の崖上を外苑東通りが横切っている。近所に住んでいた島崎藤村は、関東大震災（大正12年）後、古い屋敷町の風情が薄れていくのを目の当たりにしながら、この通りの様子を次のように書いている。

「狸穴、飯倉片町、六本木へかけての三河台あたりは、（明治末年頃は）お邸町《やしきまち》で至極物静かな上品な通りでした。大正元年までは電車も通っていず、真昼間と雖《いえど》も森閑《しんかん》としていたものです。四つ辻から、あの通りを見渡しても、左側に鍋島、松平、都築、有賀、相良などの諸邸があり、右側には稲葉邸、徳川邸（頼倫侯）、星邸、など何れも宏壮な邸宅で、堂々たる高塀と門とが並んでいました。殊に徳川邸は狸穴町停留所から飯倉片町停留所に至るまでの長い長い塀が続いて居り、其の塀の内は、家令や家従や家扶達の家で、別に一つの町を形づくっていました」『大東京繁昌記』（昭和3年刊）。

ここでいう電車とは、廃止された都電（当時は東京市電）のことである。列挙された邸宅は、たとえば徳川邸などは地形の関係で南斜面ではなく、北側の谷を見下ろすような場所に立地している。徳川邸だった一郭（②）には、後に昭和5年竣工で貫禄のある旧逓信省貯金局庁舎（後の麻布郵便局）が立った。まさに往時を偲ばせてくれていたが、そこから北の我善坊谷にかけて、平成30年度より虎ノ門・麻布台地区第一種市街地再開発事業が始められている（141ページ参照）。

鍋島邸の方はロシア大使館（③）となっている。一般の人は簡単には中に入れないこともあり、何か威厳を放つような雰囲気が漂っている。

MAP◆六本木・飯倉・麻布（大正６年）

MAP◆六本木・飯倉・麻布（現代）

右ページの大正6年地図では、この一帯も平地はびっしり商家や民家を示すオレンジ色だが、台地上は軍や皇室施設などで、建物のない茶色の区域が目立つ。

六本木交差点の北側の歩兵営（歩兵第一連隊）は現東京ミッドタウン。そのすぐ東の三井邸は現アメリカ大使館官舎。現在の六本木ヒルズの地には真田伯爵邸などがあった。右下の松方正義邸は現イタリア大使館。

バブル景気が始まる前の昭和50年代の半ば、麻布台界隈は、富田均の『東京徘徊』のなかで「山の手の地形の典型」として取り上げられている。

「山の手の地形の典型を遊びながら知るには、赤坂霊南坂上の市兵衛町から我善坊谷へいったん下り、そこから麻布台に上って狸穴界隈の鼠坂《ねずみざか》、植木坂など詩趣深い静かな小道を歩けばいい。むろん同じ山の手にこれに類似の通りは少なくないが、ここはどこにも増して成熟しきった風景が持つ特有のやさしさがある。」

引用にある赤坂霊南坂は、ホテルオークラ付近から我善坊谷を左に見て外苑東通りの方へと尾根伝いに続く道。我善坊谷（④）とは、旧徳川邸（頼倫侯）の裏側（北側）にある周囲を崖で囲まれた細長い窪地である。富田がこのように描写した数年後、平成初期のバブルの時代があり、上記に引用したコースでも、我善坊谷を見下ろすようにアークヒルズ仙石山森タワーなどタワーマンションがいくつも建ち、成熟したやさしい風景とはだいぶ異なってきていた。さらに虎ノ門・麻布台地区第一種市街地再開発事業が我善坊谷のほぼ全域（虎ノ門5丁目、麻布台1丁目の約8・1ヘクタール）で行われ（令和5年竣工予定）、谷の地形そのものが消滅することとなる。

麻布狸穴町も、広い範囲で再開発が進んだが、鼠坂（140ページ参照）や植木坂の周辺など、突然木造家屋が現れたり、緑に包まれた屋敷があったり、少なくとも昭和50年前後とさほど変わらない風景に出会う場所がある。

何より、島崎藤村はこのあたりに関し、

「町には町の性格があり、生長があり、老衰があり、また復活もあって、一軒二軒の力でそれをどうすることの出来ないようなところもあるかと思う。でも、曽《かつ》て栄えた町の跡と、まるきり栄えたことのない町とでは、歩いて見た感じが違う。あだかも城として好かったところは、城址として見ても好いようなものだ。」（『大東京繁昌記』）

麻布狸穴町界隈には、東京中どこにでもあるような光景も多い。だがかつて屋敷町として名をなした余韻のようなものを、坂道や崖、打ち捨てられたようにも見える空地、時折見かける木々に囲まれた屋敷などで感じさせてくれる。それが「発見」の楽しみをもった散歩の魅力となっている。

飯倉台地と麻布台地の繋ぎ目に位置しているのが六本木（⑤）の繁華街である。そこから南へ下る坂の谷筋に続くのが麻布十番商店街（⑥）だ。麻布台地を穿つ谷と崖について特徴的な所を見ていこう。

その一つが、麻布十番商店街の南側に位置する善福寺（⑦）の谷である。小さな谷だが、この谷は二つの点で特徴がある。

善福寺には、安政5（1858）年、日米修好通商条約にもとづいて、初代のアメリカ合衆国公使館が置かれた。伊豆の下田に在住していたタウンゼント・ハリスが移り住んできて、約3年間滞在している。

ここを現在訪れて実感するのは、谷底とその上の台地との断絶である。両者を繋ぐ公道としての坂道が近くにない。逆の例を見れば分かりやすいが、たとえば麻布十番商店街のように、谷底が商店街で、両側の丘がマンションの立つ住宅地などの場合、谷と丘を結ぶ坂道は通常数十メートルごとにある。ところが善福寺周辺では、台地の下と上を結ぶ道が、南の仙台坂と北の大黒坂の間、500メートル近くにわたって存在しない。善福寺から上

我善坊谷へ下る三年坂。再開発で家屋の取り壊しが進む（2019年４月）

鼠坂。古川の低地と飯倉台地の上を繋ぐ坂だ

善福寺「柳の井戸」。石で囲まれた部分から水が湧き出ている

飯倉台地の窪地にある宮村児童遊園周辺。木造家屋と高層ビルの対比が印象的だ

の台地へ行こうとした場合、ぐるりとものすごく遠回りしなければならないのである。

こうした特徴は、麻布台や白金台、高輪台に時おり見かける。たとえば丘の上がかつては大名屋敷で敷地が400メートル四方だった場合、その400メートルの間、谷の上と下を結ぶ坂道がないということはかつてよく存在した。谷から見上げれば、台地上にずっと大名屋敷の塀が続いているといった光景である。ところがその大名屋敷が分譲されいくつかのマンションや宅地となった場合でも、新たに坂道が作られない場合がある。すると丘の上もその下の谷も共に住宅地なのに、結ぶ道がないといった、ちょっと異様な断絶感が生まれる。たとえば高輪台の泉岳寺のある崖下とその上（ここには徒歩専用の狭い道がある）、もう一つ例を挙げれば山手線大崎駅付近の目黒川沿い、かつての工場地帯（現在は住宅地）とその丘上の御殿山地区の閑静な住宅街などでそうした例がある。

もう一点、善福寺の谷の特徴として、善福寺の参道の脇に、平安時代弘法大師が杖を突き立てると清水が噴出した話が伝わる「柳の井戸」の存在が挙げられる。今も水が湧き出ていて、現在山手線の内側で枯れずに流れ出る湧水としては、最大規模の湧出量だと思う。

善福寺の西側、麻布台地に深く潜り込むような形のガマ池（⑧）付近の窪地も特徴的である。麻布中学・高校の東側にあり、まさにスリバチ状の地形をなしている。昭和の初期までここにはガマ池と呼ばれる約１６００平方メートルもの池があったという。現在は大部分が埋め立てられ、残った小さな池にも立ち入ることはできない。ただこの地特有の雰囲気は健在で、周りを高層マンションに取り囲まれた中、窪地部分の一郭、宮村児童遊園（⑨）の周辺は長屋風の木造家屋が密集している。それは昭和時代まで麻布台地の谷筋に多く見られた光景であり、ここにはそうした家並が残っている。

また、この窪地から東へと狸坂を上がっていくと、東京でも珍しい坂の十字路（⑩）にぶつかる（141ページ参照）。崖の上と下を結ぶ坂が全然ない善福寺裏の崖に近く、こうした坂の不規則な疎密状態も、山の手の魅力である。

⑮古川沿岸低地、麻布十番商店街

都電廃止で衰退から賑わい復活まで

ここで古川について触れておきたい。古川は、高輪台地に遮られる古川橋地点と、飯倉台地に遮られる一ノ橋地点で、直角に曲がる。山間部ではよくあることだが、凸凹地図を見ていて気になるのは、古川橋地点で古川がなぜ直進しなかったのか、ということである。大雨が降って増水することが繰り返されれば、120ページ地図⑪地点、高輪台地が途切れるように低くなっている所で、川がそこを乗り越えて直進してしまえたように思える。

こう考えたのは、台地の低い部分を突き破って川が直進し、下流の流れを変えてしまった例が都内、王子駅付近の石神井川の例としてあるためだ（169ページ参照）。古川に関しては、地図の⑪地点には、慶応大学の正門がある。現在の標高では、付近の古川橋が標高5メートル、慶応大学正門前が9メートル。なぜここでは古川は、崖が低くなっている地点、標高差4メートルほどの地点を突き破らなかったのだろうか。

それは江戸時代以前、このあたりが入江とそれに続く池や湿地だったことによると思われる。この地点で流れは緩やかになってしまい、台地を削るだけの力がなかったためだろう。

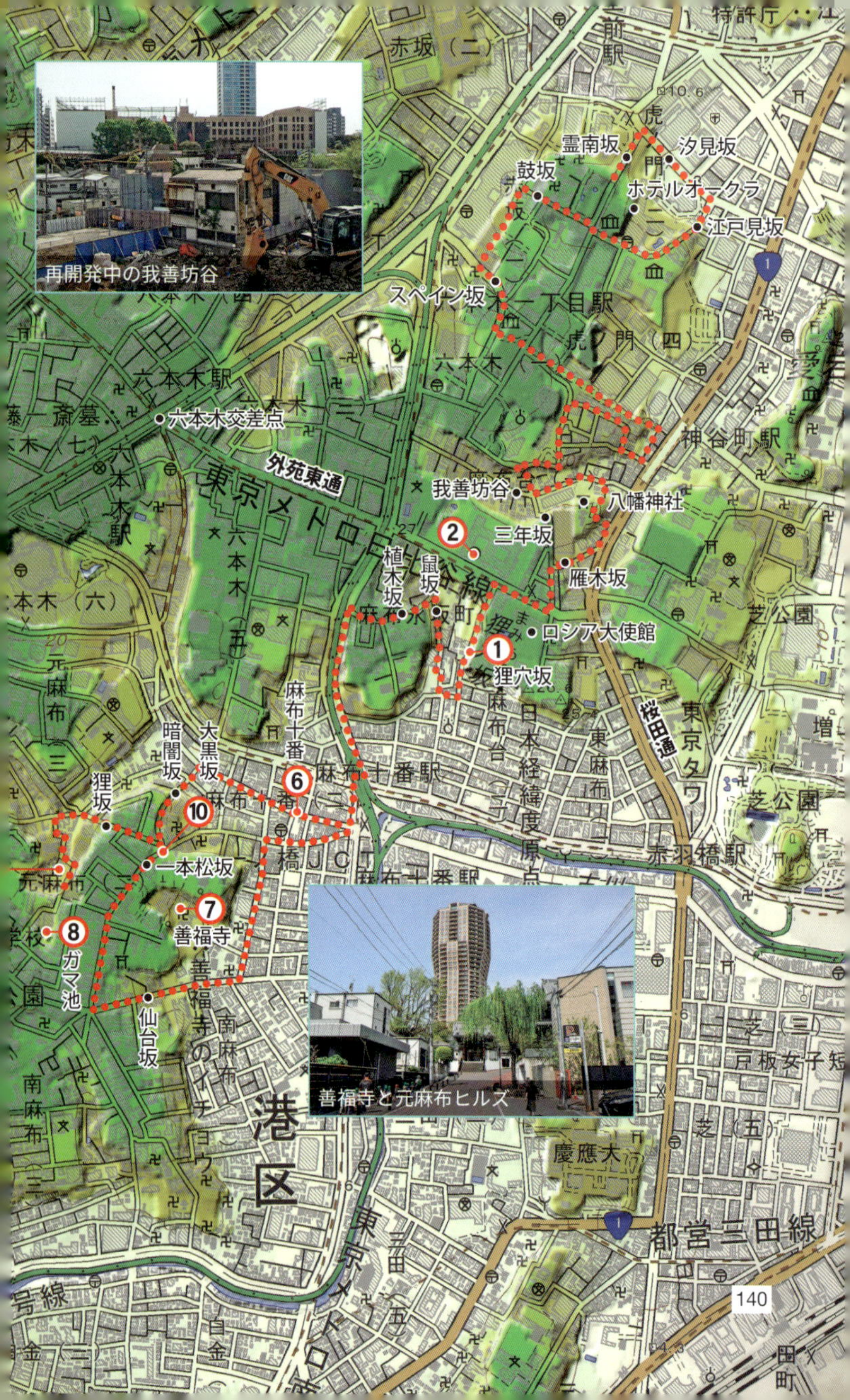

再開発中の我善坊谷

善福寺と元麻布ヒルズ

【地形読み取り散歩】

我善坊谷の超大規模再開発

江戸時代この谷は、警察部隊ともいえる与力、同心が住む地だった。罪人を追う時はこの谷に追い込み、まさに袋のネズミのようにして捕らえたという。木造家屋も多かったこの谷の住居の取り壊しが平成30年から始まった。六本木ヒルズと並ぶ規模の再開発で、令和5年竣工予定。

暗闇坂と坂の十字路（⑩）

暗闇坂などの坂の十字路

暗闇坂上や仙台坂上が坂の十字路となっている。前者の例では北から暗闇坂、東から大黒坂、南から一本松坂、西から狸坂が出会う。東京には、暗闇坂という名の坂が十以上あるが、ここは途中カーブしていて坂の上の方は木々の陰で薄暗く雰囲気がある。ここに坂の十字路ができるのは、西側に台地をえぐるようにしてガマ池（⑦）の谷があるなどの複雑な地形による。

善福寺界隈

善福寺参道を向かうと、借景として、元麻布ヒルズフォレストタワーが目に飛び込んでくる。上の方の階が膨らんでいる独特のフォルムで、個人的には、何とも落ち着かない気持ちにさせられるタワーだ。お寺とタワーマンションと不協和音を奏でている。

江戸時代、善福寺に初代アメリカ公使館があったためか、善福寺とその丘上を結ぶ坂道はなかったようで、今も付近の丘の上と下とを結ぶ公道はない。

麻布十番大通り。老舗が点在する魅力的な商店街だ

それと反対に、このあたりの地形を人工的に変えるきっかけとなった災害が、江戸時代にあった。明暦3（1657）年に起きた明暦の大火である。江戸時代での日本最大規模の火災で、江戸城本丸も含めて市中の6割が焼け、約10万人が焼死したとされる。

この後幕府は江戸各地で都市改造を行う。古川では河口から一ノ橋まで船の行き来ができるように川底の掘削が行われ、護岸堤防の整備も進められた。元禄11（1698）年には、将軍綱吉がさらに上流の光林寺（133ページ⑫）付近に別荘の白金御殿を建設するにあたり、船が天現寺橋（⑬）の手前付近まで行けるように川幅の拡幅と掘り下げを行った。

一ノ橋には河畔に荷揚げ場ができ、一帯は物流のターミナルのような地となった。こうして、隣接する麻布十番が商業地として栄えるようになっていった。この十番という地名も、河川改修工事の際の工区順、または人足割り当ての順番から付いたといわれる。

麻布十番商店街の賑わいは、昭和30年代まで続く。とくに大正時代がその全盛期で、収容人数1024人を誇った芝居劇場の末広座を筆頭に寄席、講釈、活動写真の小屋が並び、芸者400名、芸妓屋50軒を擁したほどだった。

一ノ橋付近の古川。水辺近くまで下りられる親水テラス（写真右）がある

麻布十番商店街が賑わった理由として、古川沿いに中小の工場が多くできたことも挙げられる。第一次大戦の軍需景気などで、河口の芝浦付近など東京湾沿いには大工場がいくつもでき、その内陸部、古川沿いの低地には、下請けの工場が立ち並ぶようになった。その様子は、「古川筋の鉄工機械工場関係の客が、大正7年頃は、連日連夜麻布花街にくり込んで、そのために芸者は午後二時頃になると、みんなお座敷にはいってしまったというほどであった」（『港区史　下』）。

また喜劇役者として戦前戦後に一世を風靡した榎本健一、通称エノケンは、

「当時の麻布十番は、芝居小屋はあるし、夜店も毎晩でるなど東京でも屈指の盛り場だった。」（『喜劇こそ我が命』）と書いている。

明治時代後半には、麻布十番へ市電（後の都電）も伸びてきて、一度乗り換えるだけで銀座や渋谷方面へ

行けるようになった。だが昭和40年代に都電が廃止されると、付近に地下鉄駅もなかったため、都心の陸の孤島ともいわれるようになってしまう。麻布十番商店街は、地元客だけの地味な商店街となっていった。

昭和50年代半ばくらいからレトロブームにのって、若者向け雑誌などで注目を集め出す。昭和30年代の風情がそのまま存在していることが、功を奏した形となった。交通不便で家賃が安い割には六本木などに近いこともあり、流行に敏感な若者たちも多く住むようになり、お洒落な店が現れはじめる。決定的だったのが、平成12年の営団地下鉄（現東京メトロ）南北線と都営大江戸線の麻布十番駅開業である。アクセスが飛躍的に便利になり、現在の賑わいへとなっていった。

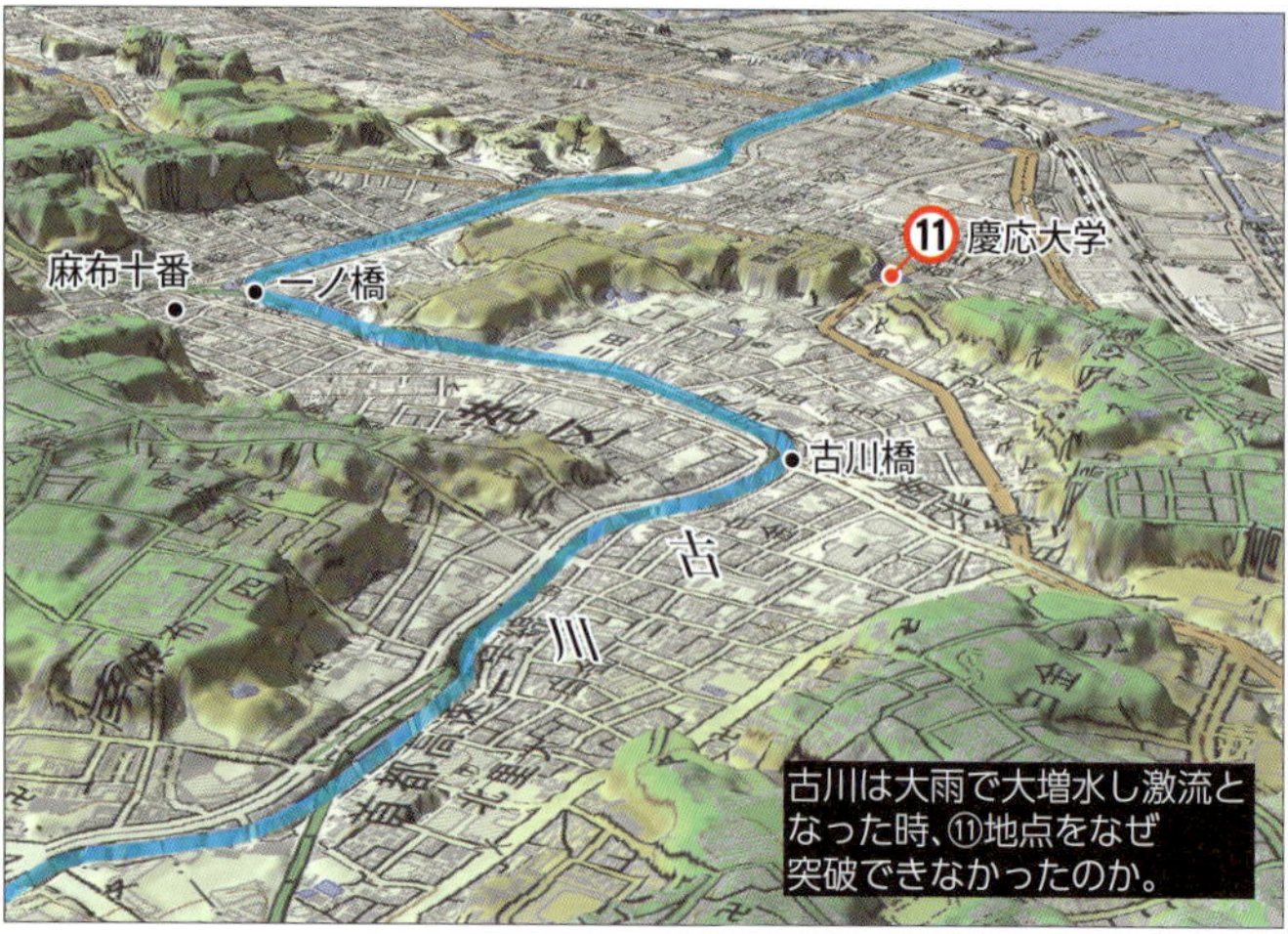

古川は大雨で大増水し激流となった時、⑪地点をなぜ突破できなかったのか。

⑯白金、高輪、御殿山、島津山

工場地帯を見下ろす企業家の邸宅群

古川の南側、高輪台地と白金台地へと目を向けてみよう。ここには皇族の邸宅が多かった他、企業家として名をなした人の邸宅も数多くあった。南北に細長い高輪台地は、北端近くを旧華頂宮邸（現亀塚公園）（148ページ⑭）、南端近くを開東閣（三菱グループの倶楽部）⑮が占めている。北端のすぐ北側の丘には三井倶楽部（120ペー

八ツ山から谷を隔てて島津山の清泉女子大学の緑地を望む

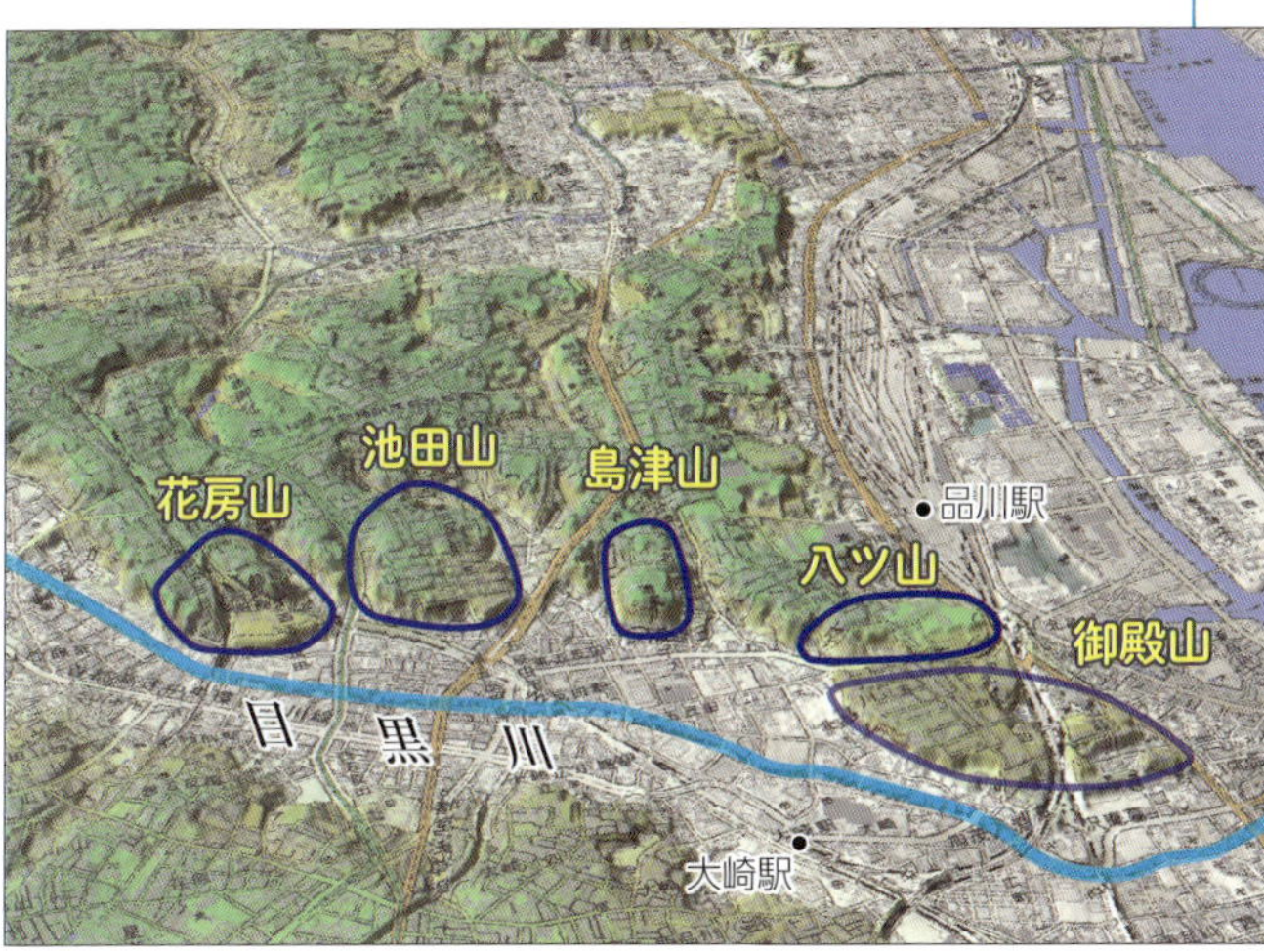

開東閣。八ツ山の南端に沿って木々を茂らせ内部は見えない

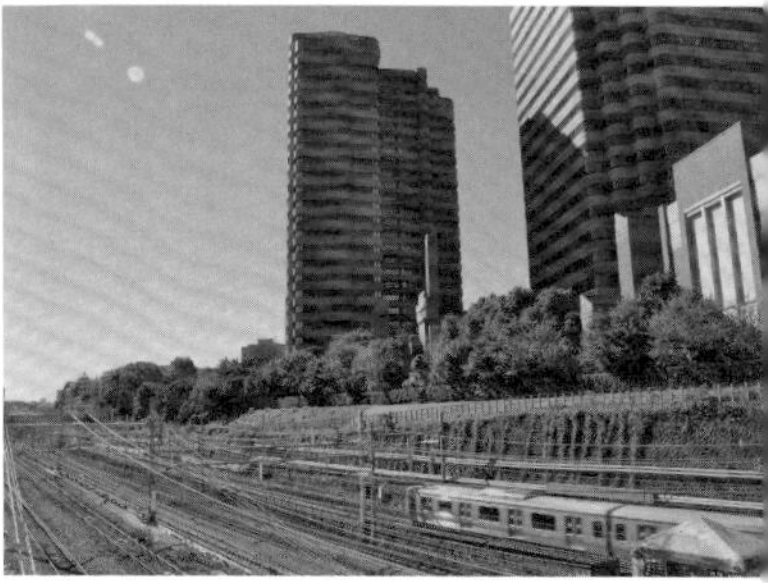

御殿山（右側）の崖下を行く山手線。新八ツ山橋より撮影

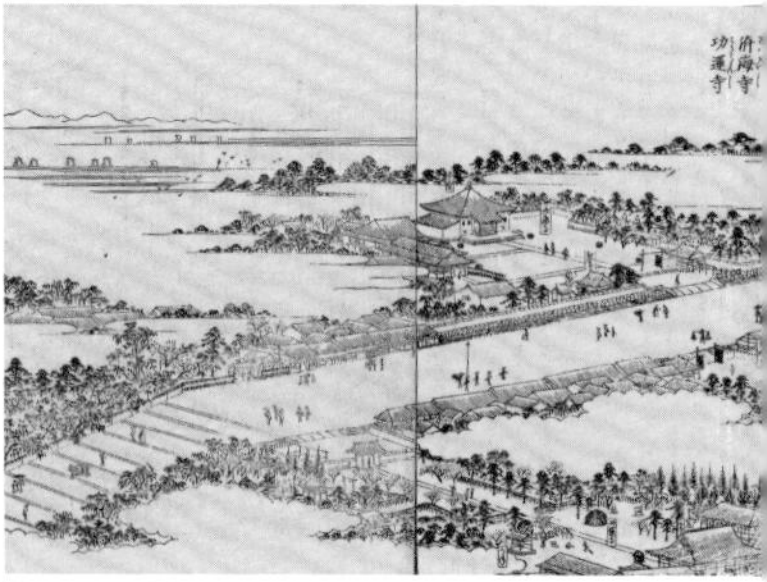

「聖坂」（『江戸名称図会』）。高輪台地の北端の坂で左が東京湾

ジ地図⑯）もあり、南北の要衝近くを三菱と三井の両財閥が固めた形である。

開東閣の敷地は当初、初代総理大臣である伊藤博文邸だった。伊藤と並ぶ明治の権力者だった山縣有朋が作庭に凝り、神田川沿いに椿山荘を建てたのに対し、伊藤は東京湾の眺めのいい高輪を居住の地に選んだ。伊藤はまだ20歳を少し過ぎた頃の幕末期、開東閣からは谷をはさんで向かいの御殿山に建設中だった英国公使館（⑰）の焼き討ちに参加している。また、若い頃よく通った東海道品川宿、品川遊郭もすぐ近くである。何せ伊藤は後年、明治天皇から「芸者遊びもほどほどにするように」と諌《いさ》められたという話が伝わるほど女性好きとして知られていた。伊藤は、いわば思い出の地を見下ろす形で邸宅を構えた。権力者として頂点を極めた伊藤と山縣だが、性格の違いが邸宅の立地にも反映されているようで面白い。本人がこう意図していたかどうかは不明だが、陽気な伊藤の方がセンチメンタルな感じである。

伊藤は高輪に住んだ後、気候が温暖な小田原や大磯へ邸宅を移す。明治22年に三菱財閥の三代目総帥である岩崎久弥（創業者・岩崎弥太郎の長男）が伊藤から土地を購入し、岩崎弥之助（弥太郎の弟）が譲り受け開東閣を建てた。

白金台地と高輪台地の南部は、目黒川の低地に張り出すようにして、「城南五山」と呼ばれる高台が並んでいる。東から順に、御殿山、八ツ山、島津山、池田山、花房山である。なお地理学的には、御殿山は形成された時代が異なるので、高輪台地（淀橋台）に含まれない。凸凹地図をみても、御殿山は他の五山と異なり、南の目黒台地と同じように地形がなだらかである。

こうした高台の岬状に張り出している周辺には、必ずといっていいほど、大邸宅が存在した。以下邸宅を列挙してみる。

・御殿山には、原六郎邸（現原美術館）⑱など。原六郎は坂本龍馬とも親交があった幕末の志士であり、明治・大正に銀行家として活躍。横浜正金銀行中興の祖といわれる人物

MAP◆高輪・白金・五反田（大正６年）
東宮御所
泉岳寺
目黒駅
品川駅
旧品川宿
14
15
17
18
19
20
21

右ページ大正6年の地図で、とくに島津山、池田山、花房山は、それぞれ丘の上をほぼ独占的に大邸宅が占めていたのが分かる。地図右上部の東宮御所は、昭和天皇が皇太子時代の御所。近年は高輪皇族邸となり上皇・上皇后の仮御所として使用される。東宮御所だった敷地の一部は区立中学やマンションへと変わっていて、大正時代の半分以下に狭まっている。

左上、現在の国立自然教育園に大きな湿地が見える。明治時代は火薬庫だった所で、大正6年からは皇室の白金御料地となる。

である。御殿山の地名の由来は、徳川将軍家が鷹狩の時に休んだ品川御殿があったためという。

・八ツ山には、開東閣⑮など。

・島津山には、鹿児島藩主だった島津忠義邸（現清泉女子大学）⑲。

・池田山には、岡山藩主だった池田家の屋敷。後にその一部が現池田山公園⑳や、美智子上皇后の実家だった正田家邸宅（現品川区立公園ねむの木の庭）となった。

・花房山には、明治・大正期の外交官、子爵で日本赤十字社社長も務めた花房義質邸（現ブリリアタワーズ目黒）㉑が広がっていた。

この城南五山の下、目黒川沿いの低地は、昭和40年代くらいまで町工場が多かった所で、丘の上の屋敷町とその下とでは、今以上に環境の対比が顕著だった。とくに目黒川沿い低地にある山手線大崎駅周辺は、この30年ほどでの変貌ぶりが、山手線の駅の中でも断然一番といえるだろう。現在は駅前にゲートシティ、シンクパークタワーなど約10棟もの高層オフィス棟がそびえるが、かつて駅東口側には、腐臭の漂う目黒川沿いに中小の町工場が並び、西口側には明電舎工場が駅前の敷地を占めていた。大崎駅の一日平均乗車人数は、平成11年度に5万7000人（JR東日本管内で70位）だったのが、同29年度には16万4876人（同16位）までと激増している。

【第四章】

廃川跡と江戸の上水道

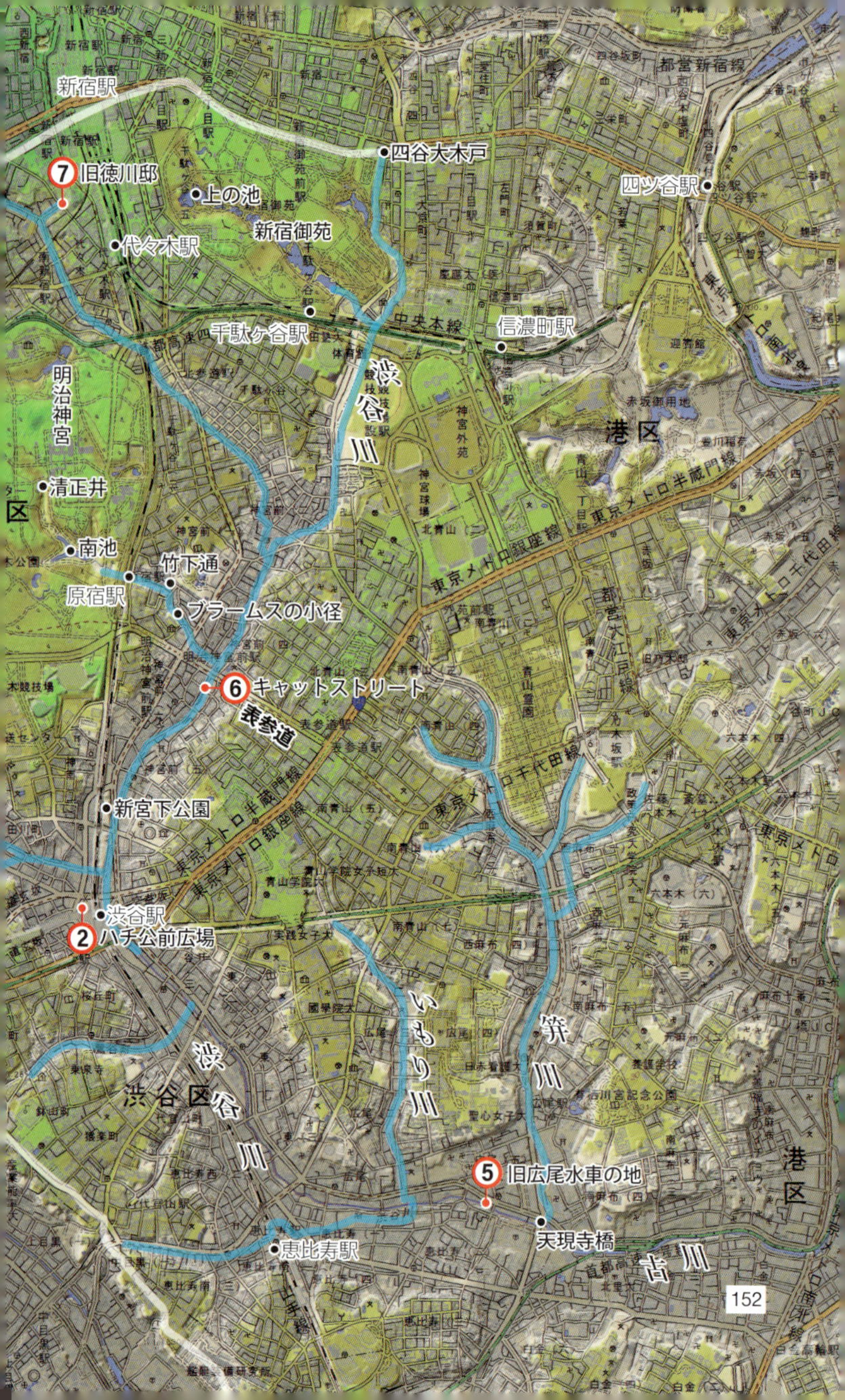

新宿駅
7 旧徳川邸
上の池
新宿御苑
代々木駅
四谷大木戸
四ツ谷駅
千駄ヶ谷駅
中央本線
信濃町駅
明治神宮
渋谷川
港区
清正井
南池
竹下通
原宿駅
ブラームスの小径
東京メトロ銀座線
東京メトロ半蔵門線
6 キャットストリート
表参道
東京メトロ千代田線
新宮下公園
渋谷駅
2 ハチ公前広場
いもり川
笄川
渋谷区
渋谷川
5 旧広尾水車の地
天現寺橋
恵比寿駅
古川
港区

MAP◆渋谷・原宿・新宿
玉川上水
8 旧山内邸
玉川上水
笹塚駅
「春の小川」碑
河骨川
渋谷川
宇田川
三田上水
9 鍋島松濤公園
かつての川
江戸時代に建設した上水・用水路

⑰渋谷・原宿・新宿御苑

地下に潜った渋谷川を遡って源流部へ

渋谷川は、渋谷というビッグネームを冠しているにもかかわらず、あまり知られていないように思う。これはちょっと残念なことに思えてならない。現在の立場は、お隣の目黒川と対照的だ。昭和の末頃まで、渋谷川も目黒川も汚れて悪臭が漂い、人が好んで寄りつくような川ではなかった。だが現在は両河川とも水質の浄化が進んでいる。それにより目黒川沿いの方はといえば、中目黒駅付近など、桜が植えられていることもあり、都内でもよく知られた散策コースとなっている。付近にはメディアで話題を集める店も数多くできた。

そんな中、渋谷川が目黒川の人気をキャッチアップする第一歩を踏み出した。平成30年の渋谷リバーストリートの竣工である。渋谷駅周辺は現在、100年に一度との謳い文句で大改造が進められている。駅の真上などに建つ複数の高層ビルを核として、東京メトロ銀座線、JR埼京線ホーム移転なども伴うもので、再開発の完成は令和9（2027）年予定という。

渋谷リバーストリートは、この再開発エリアの南端、平成25年に地下化した東急東横線の線路跡地を利用した散策路である。渋谷川に沿う形で伸びていて、道沿いに新たにできた店などはまだ少ないが、周辺の整備も含め今後に期待したいものである。

渋谷川は第三章で触れたように、その下流部、渋谷区と港区の区界の天現寺橋から河口までは古川と呼ばれる。ここでは古川との境から渋谷川を上流へと述べていこう。

天現寺橋から渋谷駅前までの渋谷川は、古川のように上に首都高速道路が走って川面が暗くなっているわけでもなく、それなりの存在感を保っている。だが渋谷駅前からは地下へ潜ってしまい、暗渠となって姿が見えなくなる。人知れぬ存在になってしまうのだ。

渋谷駅ハチ公口、現在のスクランブル交差点付近で、渋谷川本流へ宇田川が注いでいた。大正6年の地図（160ページ）で渋谷駅前を見てみよう。当時の渋谷駅は現在より恵比寿寄り（①）にあった。現在のハチ公前広場付近（②）は、路面電車（玉電）坂下停留所のある広場となっている。その部分は暗渠化されていて川は描かれていないが、そこ以外、南北に渋谷川が流れ、西から宇田川が流れ込んでいるのが分かる。驚くのは、国鉄線路を挟んだ向こう側、現在の東口駅前に小さくてちょっと見にくいが水車のマーク（半円形のマーク③）が見えることである。渋谷川には江戸時代半ば頃から多くの水車が設置された。精米・精麦用などに造られたもので、明治時代は工業用として使われたものもある。葛飾

明治神宮御苑内の南池。清正井のすぐ下流にある

新宿御苑の日本庭園の池。この付近が渋谷川の水源だった

渋谷川暗渠の道のキャットストリート。若者たちで賑わっている

北斎の『富嶽三十六景』には穏田《おんでん》の水車（④付近）、『江戸名所図会』には広尾水車（152ページ⑤付近）が描かれている。大正時代前期にはそのほとんどが姿を消すが、大正6年の地図にはいくつか記されている。

　渋谷川本流は渋谷駅の先、新宮下公園の下を経て、旧渋谷川遊歩道、別名キャットストリート（⑥）へと続く。キャットストリートは、いかにも原宿の裏道といった風情で若者向けの店が連なっている。今も道路の下には旧渋谷川が下水道となって流れている（明治神宮境内、清正井からの流れも含む）のだが、上を行く若者たちにとっては、鉄道の「廃線跡」ならぬ「廃川跡《はいせんあと》」を歩いているなどとは、思いもよらないことだろう。

「穏田の水車（部分）」『富嶽百景』（葛飾北斎）。渋谷川にあった水車

2018年にオープンした川沿いの道の渋谷ストリーム

もう一方の旧宇田川の方も、廃川跡が若者たちで賑わいを見せている。かつての川は、現在の西武百貨店A館とB館の間の道（別ルートだった時代もある）から、センター街を通りNHK放送センターの丘下方面へと続いていた。

これら渋谷川本流や支流沿いは、「はじめに」で述べた清正井周辺の他、それぞれ現在どんな姿になっているだろうか。

本流については、キャットストリートをさらに新宿方向へ進むと、道路になっていたり空き地や草むら状態の暗渠だったり様々だが、川の跡が新宿御苑の中に入っていく部分までを、ほぼ辿ることができる。新宿御苑内の池で最も新宿駅寄りにある「上の池」まで源流の谷は伸びている。

渋谷川本流も宇田川も、上流部ではいくつにも枝分かれして、それぞれは小さな谷をなしている。それらほとんどの末端（明治神宮の中の谷を除く）は、玉川上水または三田用水沿いに位置している（152ページ参照）。このことの意味を考えてみたい。

玉川上水やそこからの分水路である三田用水は、渋谷川など自然の川とは異なり、江戸時代に作られた水路である。自然の川は谷底を流れるが、江戸時代に人の手で作られた上水、用水路は、おおむね尾根伝いを通っている。（第五章参照）。

尾根の斜面や下部には、いくつもの湧水ポイントが生じる。湧水は浸食作用で谷を形成していき、そこから渋谷川本流支流への流れが始まる。渋谷川本流や支流の源流部が江戸時代の上水、用水路沿いにあるのはそのためである。玉川上水を作るために尾根や土手を作ったのではなく（一部にそういう所もあるが）、もともと周囲より高い尾根部分に玉川上水を通したということがポイントである。

尾根は分水界となる。新宿駅付近の分水界を具体的に述べれば、玉川上水（すぐ近くを甲州街道が並行している）のすぐ北側、都庁付近に降った雨は、北側の神田川方面へと流れ、その先隅田川へと注ぐ。一方、甲州街道より南側、代々木駅付近に降った雨は、渋谷川（宇田川も含む）へと流れ東京湾へと注ぐ。

こうした谷の奥の湧水地には、清らかな水の池を作れることもあり、江戸時代から昭和の戦前くらいまで、大邸宅が多く構えられていた。明治以降の例を挙げると、旧和歌山藩主の徳川邸（現JR東京総合病院）⑦、旧土佐藩主山内邸（現代々木四丁目宅地）⑧、旧佐賀藩主鍋島邸（現鍋島松濤《しょうとう》公園）⑨などである。なお新宿御苑の場所は、江戸時代、信州高遠藩内藤家の下屋敷だった。清正井のある明治神宮も、江戸時代初めは肥後藩主加藤家の別邸で、加藤清正の息子が住んだとされる。その後、彦根藩主井伊家の下屋敷となった。

渋谷川本流や支流沿いには多くの水田が造られていた。水田への水はこれらの川から引くのだが、短い川なので流れが細く、水量は不安定だった。水田への水を安定的に得るために、最上流部をさらに掘り進めて玉川上水や三田用水へと繋げ、そこから水を得るようにした所もある。新宿御苑の北側、玉川上水の終点の地である四谷大木戸からの渋谷川への流れや、鍋島松濤公園のさらに西側からの流れなどである。

また川の跡を辿るだけではなく、実際の水の流れを調べてみると、意表を突かれるような展開が繰り広げられているのに気づく。

渋谷駅付近より上流の渋谷川の本流（現キャットストリート）や宇田川は、現在もそれぞれの地下を轟々と下水が流れ、かつての合流地点付近の地下で一緒になっている。ところが渋谷駅の恵比寿寄り、初めて渋谷川が地表に顔を出す渋谷リバーストリートへ足を運ぶと、豪雨の時以外は水量が少ない。下水が流れているのならもっと水量が多いだろうし水も汚なさそうだが澄んだ水が流れている。

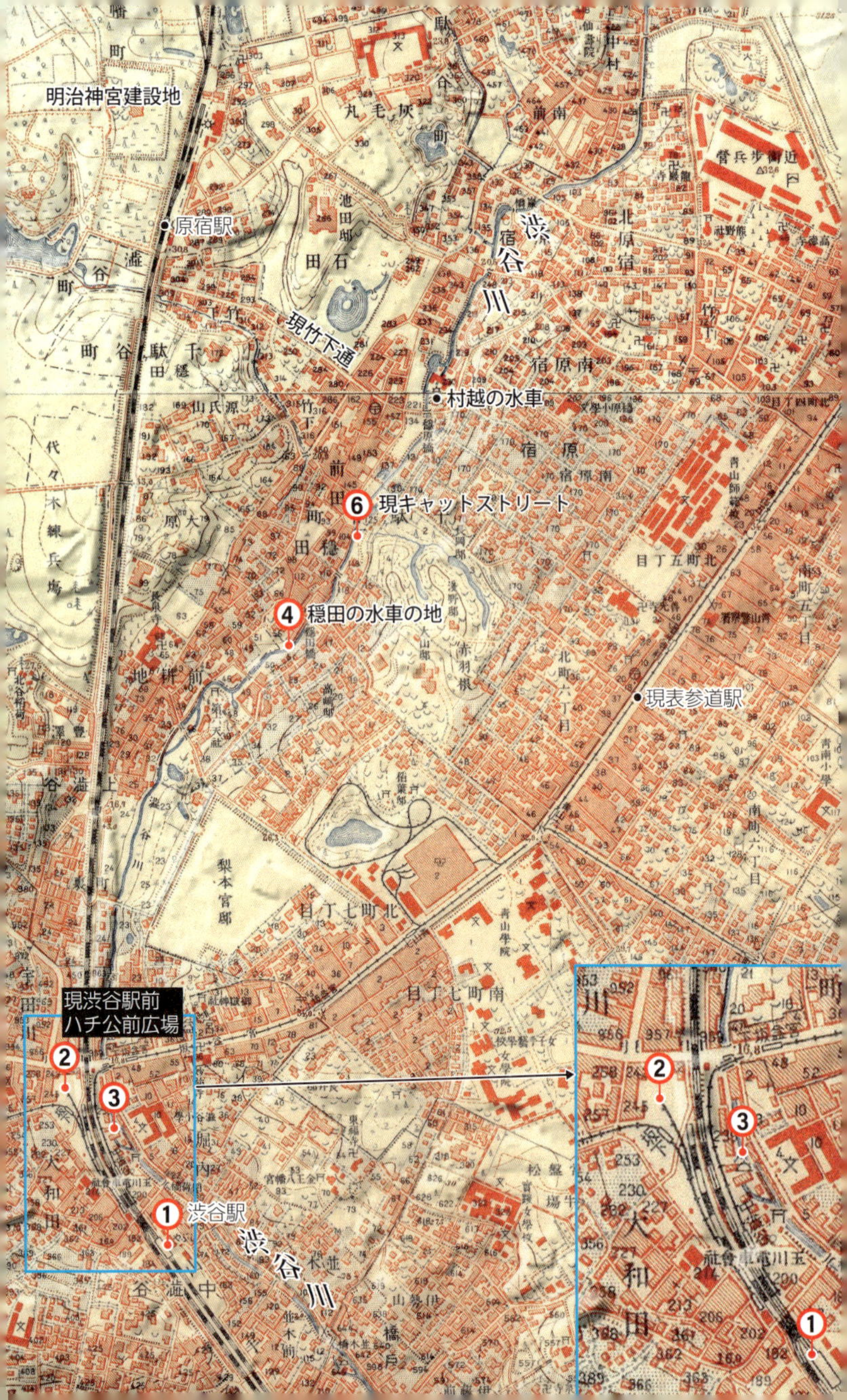

明治神宮建設地
原宿駅
渋谷川
現竹下通
村越の水車
6 現キャットストリート
4 穏田の水車の地
現表参道駅
現渋谷駅前
ハチ公前広場
2
3
1 渋谷駅
渋谷川

MAP◆渋谷・原宿（大正6年）

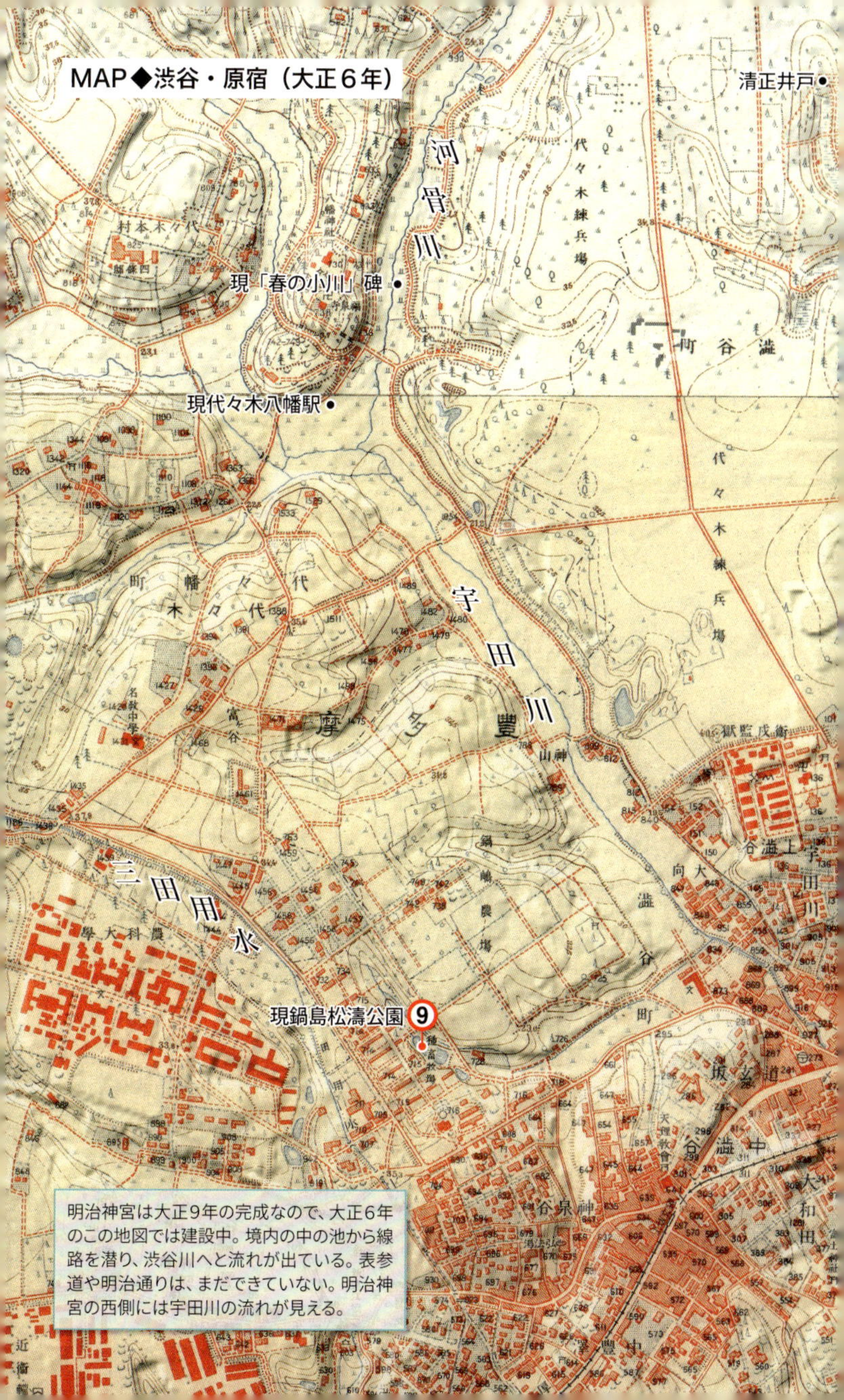

明治神宮は大正9年の完成なので、大正6年のこの地図では建設中。境内の中の池から線路を潜り、渋谷川へと流れが出ている。表参道や明治通りは、まだできていない。明治神宮の西側には宇田川の流れが見える。

ほとんど知られていないが、ここで実は流水の劇的なトレードが行われている。汚水から魚の住める水への総入れ替えがなされているのである。

渋谷川と宇田川の地下を流れてきた下水は、合流するとすぐに明治通りの地下に新たに作られた大口径の下水道管へと導かれている。この先渋谷川の流れとは別の下水道幹線ルートを通り、芝浦水再生センターへと流れゆく。この施設は、東海道新幹線品川駅の東京寄り海側にあり、新幹線の車内からも見ることができる。明治神宮や新宿御苑から流れ出た湧水は、その敷地から出るやすぐに地下に入り、他の下水と一緒にさせられた後、まったく日の目をみないまま、水再生センター（下水処理場）へと直結されるのだった。

一方、渋谷リバーストリートの下で渋谷川を流れている水はどこからやってくるかといえば、なんと神田川からやってくる。正確にいえば神田川を流れていた水ではなく、神田川に流されるはずだった水がやってくる。山手線高田馬場駅から西武新宿線で一駅目の下落合駅のすぐ近くに、落合水再生センターがある。ここで下水は、アユなどの魚が住めるレベルまで高度処理され、すぐ近くの神田川に流されるのではなく、ポンプで圧力をかけられて地下深くに作られた水路を通り、10キロ以上離れた渋谷駅付近まで送られてくる。その水路は途中、地下鉄東西線、丸の内線、千代田線、半蔵門線のさらに地下を通っているというから驚かされる。

⑱神田川から目黒川、呑川、渋谷川へ
水がないのに清流のある川のからくり

前項で述べた落合水再生センターから渋谷川への送水は、1995年から東京都が行っている「城南三河川清流復活事業」の一つである。同センターからの地下水路は、渋谷川だけでなく目黒川と呑川《のみがわ》へも繋がっていて、そこへも水が送られている。

こうしてみると、神田川は他の川に水を分け与え、渋谷川、目黒川、呑川は水をもらう立場にある。この実態も詳しくみていくと、以下の面白い事実が分かってくる。

渋谷川、目黒川、呑川の城南三河川は、流域が都市化されているため、川に流れる自然水は確かに枯渇している。昭和40年前後以降、下水道が普及し、家庭排水は川に流されなくなった。流域に降った雨は、地表の多くがコンクリートやアスファルトなので地中にしみ込むことが少なく、そのままこれも下水管へ流れる。下水管では処理しきれないほどの大雨の時は川に流されるが、通常は川に流れる水がない。下水管に入った水は皆、川を流れず各地の水再生センターへと送られるためである。

そのまま放っておくと川床は汚れた水溜まりとなり、悪臭を放ったり蚊が大量発生した

右の細い道が昔からの川跡

穏田橋付近

表参道の交差部からキャットストリートを渋谷方面に一区画約50メートル歩くと、キャットストリートと並行する細い道が現れる。その先約100メートルで二つの道は合流し、その地点に旧渋谷川「穏田橋の碑」が立っている。川を暗渠にする以前、渋谷川では川の蛇行を直線化するなど河川改修が行われたが、細い道の方が改修する以前の昔からの川の跡、キャットストリートが改修後の川の跡である。

キャットストリートと表参道の交差場所

キャットストリート表参道付近

原宿駅前から伸びる表参道は、国道246号（青山通り）方面に向けて、緩やかな坂を下った後上り坂となる。この最も下った地点でキャットストリート（旧渋谷川遊歩道）が表参道を横切っている。川は低い所を流れるので、キャットストリートが川の跡の道なのを実感できる。

春の小川歌碑。線路沿いの細い道が河骨川跡の道

「春の小川」歌碑

小田急線の参宮橋―代々木八幡間の線路脇に「春の小川」碑が立つ。「♪春の小川は　さらさら行くよ」で有名な小学唱歌『春の小川』は、大正時代、近くに住む高野辰之が、このあたりの風景を愛でて作詞した。歌詞の風景と現状とはあまりに違ってしまっているが、レンゲやスミレが咲いてエビやメダカの群れが泳ぐ小川（渋谷川支流の河骨川）が流れていた。

目黒川舟入場。舟運での荷揚げ場だった付近が広場になっている

りする。そのため下流部でも川に蓋をして暗渠にしてしまえばいいという意見もあったが、自然環境をなるべく残そうということで川は川のままとし、わざわざ地下に長い水路を建設して高度処理水を運んできて、川を復活させた。

ここで疑問に思うのは、それではなぜ神田川は他に水を分け与えるほど水が豊富にあるのか、ということだろう。神田川の流域にしても宅地化と下水道普及が進み、川に流れる水は不足しているはずである。

実は神田川も、支流の善福寺川も含めて、数か所から水をもらい受けている。たとえば神田川源流井の頭公園の池は、自然に湧水が溜まったように見えるが、付近の数か所の深井戸などから、通常一日数千トンもの水を汲み上げて流している。

ただし井の頭池は完全に湧水源がなくなってしま

ったわけではなく、大雨が続いた場合など、池の周囲や底から大量の湧水が出て、アオコで濁っていた池の水が劇的に澄んでくる、ということもある。深井戸からの水を流しているのは、通常は湧水量が少ないので安定的に水を供給するためである。すなわち都心を流れる河川に清流を復活させるために、まず最も長い神田川の上流部に水を人工的に供給し、そこから城南三河川などに分けていくという図式になっている。

城南三河川では、このように労力をかけてきれいな水が流されていても、ほとんどの区間は両側と底、三面コンクリート張りの風情も何もない姿なので、川の中を除きこみ、川に親しみや関心を持つ人が少ないのが残念である。

池尻大橋駅付近の目黒川の上に造られた緑道。このすぐ下流で目黒川は地上に顔を出す

幸いなことに目黒川では、山手線五反田駅付近など、水面すれすれまで下りていける親水空間なども設けられるようになった。古川にも一ノ橋付近に同様の場所ができている。また目黒川では中目黒駅から500メートルほど下流にあるかつての船の荷揚場、目黒川舟入場が整備されていて、川面に近づける。ここでは水鳥の姿もよく見かける。大雨増水時の対策とセットにして、多くの人が川に親しめる空間を作り出して欲しい。

神田川沿いの落合水再生センターから、大深度の地下水路で渋谷川、目黒川、呑川へ下水を浄化した水が流れる模式図

東京都下水道サービスのウェブサイトより作成。一部省略した地下鉄、地下道がある

⑲石神井川が王子の台地を突き破った!?
上流を奪われた藍染川、渓谷美の滝野川

都心の北、石神井川《しやくじいがわ》を凸凹地図で追っていると、不思議なことに気づく。川筋と、川が作り出したであろう谷との関係が途中からおかしくなるのである。このことは前著『地形で解ける！　東京の秘密50』でやや詳しく述べたが、今回は新旧のカラー地図と具体的な見どころも含めて触れてみたい。

石神井川が流れている谷は、上流から中流にかけて西から東へと続いている。ところが京浜東北線の王子駅付近（172ページ①）で、谷だけが南へと方向を変えて上野不忍池《しのばずのいけ》②へと伸び、石神井川の方はそのまま東へと向かってしまい隅田川（③）へと注いでいる。王子から先の谷は、その主（石神井川）がいないまま下流へと続くように見える。

主のいない谷の東側、武蔵野台地と下町低地との境となる崖が続いている。崖下を京浜東北線の線路が伸びている。その崖と、主のいない谷の間に細長い高台が延びている。王子駅付近には飛鳥山公園、上野駅付近には上野恩賜公園があり、それを繋ぐように高台が続く。その高台が最も細くなっている所が王子駅付近である。たとえば山手線がこの細長

い高台を横切る地点（176ページ④）では、東西の幅は約400メートルあるが、王子駅付近では数十メートルしかない。

いつの時代か、王子駅付近でこの高台を削って石神井川を直進させるようにしたのか、または大雨で石神井川が大増水した時、この狭い台地を激流が突き破ってしまったのか、そのどちらかのように思われる。

大昔は、石神井川は王子付近から上野不忍池を経て東京湾へと流れていたとされる。今は主のいない谷だが、かつてはそこを石神井川が流れていたわけである。問題は、どういう経緯で王子付近を直進するようになったのか。これには人工説、自然説の両方がある。

人工説としては、洪水時、下流の日本橋方面を鉄砲水が直撃しないようにと、江戸時代かそれ以前、王子付近で幅の狭い高台を突き崩す工事をしたというものだが、そのような工事を行ったという文献は見つかっていない。この他、北から攻めて来る軍勢を、王子の東側の低地で通せんぼするために付け替えたと推察する説もある。

一方、自然説の方は以下のとおりである。明治時代の地図を見ると、王子付近で旧石神井川の谷を逆流する形で、逆川（⑤）という短い川が、南から北へと500メートルほど流れている。逆川の南に分水界があり、その南では谷田川という川が現れて、上野不忍池方面へと流れている（主のいない谷と述べたが、これらがささやかながら主といえる）。すなわちこの旧石神井川の谷は、王子付近で南に曲がった後500メートルほどの間は、標高差数メートルだが、坂道を上る形になる。もし人工的に王子の台地を切り開いたなら、こうした地形はできあがらないだろう、などが自然説の根拠である。

また縄文時代の一時期は気候が暖かく、現在より海面が3メートルほど上昇した時期があった。その頃は、王子駅の東側をはじめ下町低地は海だった。西側からは石神井川による浸食、東からは波により台地が削られてきて、とうとう高台の狭まった王子の地点で、川が東へ直進することになったとも考えられる。現在では自然説が有力となっている。

王子での石神井川の直進突破によって二つの大きな影響が起きた。一つは水が流れてこなくなった石神井川下流の消滅、もう一つは上流側、滝野川渓谷の侵食の激化である。

王子付近から下流は、現在の染井霊園付近を源流とする小川などだけとなった。かつてとは比べものにならないほど少ない流量である。山手線駒込駅付近では谷田川《やたがわ》、その下流、谷中付近では藍染川《あいそめがわ》と呼ばれ、不忍池へと流れ込んだ。

現在日暮里駅で下車して谷中銀座を通り抜けると、よみせ通りに出る。いずれもいかにも下町らしい商店街だが、よみせ通りの下を藍染川が流れていた。上野方面へ少し向かうと、道がクネクネと曲がり出す。川が蛇行していたのを忠実に道路化したためにこうなっ

岩屋弁財天付近。蛇行跡が保存され、水面まで下りられる

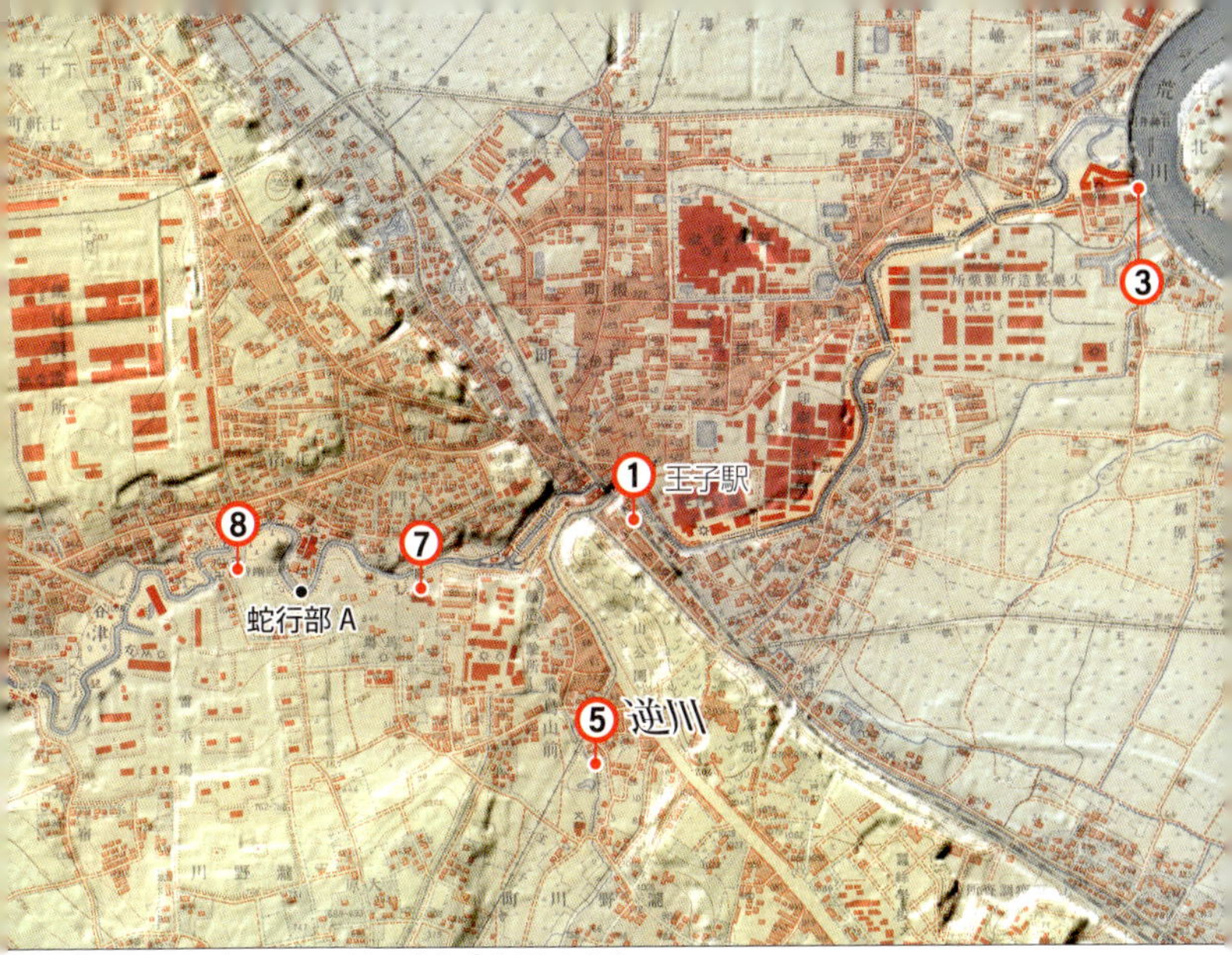

MAP◆王子・滝野川（大正６年）

MAP◆王子・滝野川（現代）

たもので、ヘビ道と名付けられている。

明治時代くらいまで、藍染川には清らかな水が流れていた。周辺には水田も多く、流域に大雨が降ってもそれらが保水場所、いわば洪水被害を免れる貯水地帯の役割もしていたので、たいした被害にはならなかった。その後沿線の宅地化が急速に進み、多くの田んぼがなくなったので、大正時代後半には、付近は頻繁に洪水に襲われるようになってしまった。

そこで昭和初期に作られたのが、放水路としてバイパス的な役割を持つ「藍染川トンネル」である。王子駅付近の他に、もう一か所、西日暮里駅付近でも、藍染川（旧石神井川）の谷の東側の高台が、極端に狭くなっている地点（⑥）がある。ここに水路トンネルを掘り、その先、北東に向けて隅田川まで水路を造って水を導いた。まさに地形を有効に活用した治水事業といえる。トンネルから先も現在は暗渠（藍染川西通りなど）となり、かつての水路に沿って京成本線（新三河島―町屋間など）が高架上を通っている。

次はもう一つの場所、滝野川渓谷の侵食開始について見ていこう。王子駅付近からその上流部にかけての約1キロ、江戸時代は川が蛇行する中、自然のままの崖が迫り、なんとも美しい渓谷をなしていた。現在は人工的に川の直線化、及び深く浚渫《しゅんせつ》しての護岸強化が進められ昔の姿を想像するのは困難なのが残念だ。当時は歩を進めるたびに景色が変わるといわれ、春は花見、夏は滝での水遊び、秋は紅葉狩や虫の音聞き、冬は雪見と、四季を通じて行楽客が訪れた。その様子は『江戸名所図会』などに数多く描かれている。

渓谷沿いの正受院（⑦）には不動の滝があり、滝裏に不動明王が安置されていた。この滝に打たれて病気が治ったとの噂が広まり、毎日早朝から参拝者で賑わったという。またそのすぐ上流の金剛寺の崖下には、川に臨む岩窟の中に弘法大師作といわれる弁財天が安置されていて、岩屋弁財天（⑧）と呼ばれていた。家屋が密集した江戸の町に住む人々は、豊かな自然や珍しい景色のある名所を好んで訪れた。滝野川は江戸の町から日帰りするにはちょうどいい距離だった。

このような渓谷が生まれた理由を考えてみよう。川は勾配が緩やかな場所では、蛇行しながら流れる。反対に勾配がきつい場合は、まっすぐに速く流れようとする。滝野川付近での石神井川は、当初一帯の標高差が少ないので、蛇行しながら緩やかに流れていた。現在の標高では、滝野川付近が標高15メートル、大昔の流れの下流、上野不忍池が標高5メートル。この間7キロほどあり、かつてはゆったりと流れていた。一方、王子の狭い高台を突破した先の低地部分は標高4メートル。王子駅の東側と西側との間わずか300メートルほどしかない。突破後はこの間を川は駆け下ることとなった。

そのためこの地点より上流では、先のつかえがなくなって流れが速くなっていった。いわゆる「下方侵食力」を増して川底が深く削られていき渓谷が生まれた。

西日暮里駅前。幅の狭い台地を切り通しで抜ける道路

西日暮里駅前の幅の狭い台地

西日暮里駅付近、最も狭い所は高台の幅が数十メートル程度しかない。この高台は、隅田川方面の東側が海食崖で険しく、西側は小さな川の谷なので侵食力が弱く緩やかである。この付近ではそうした状況が分かりやすい。

藍染川

地下鉄千駄木駅から、東の三崎坂方面へ向かい1本目の交差する道が、藍染川跡の「よみせ通り」。そこから上野方面へ向かえば、すぐに蛇行した川跡の通称ヘビ道となる。

ヘビ道

石神井川の直進突破の地（王子駅付近）

突破地点は音無親水公園として、渓谷をイメージした公園に整備されている。ただしこの渓谷には現在石神井川は流れていず、水はすぐ手前で地下にもぐり、王子駅の直下を流れた後、すぐに再び地上に顔を出している。

音無親水公園

滝野川渓谷、岩屋弁財天

現在の滝野川付近では、かつての風情を残す所は失われたが、石神井川が蛇行していた跡は、歩いていると何度か出会う。王子駅から1キロほど上流に歩くと、滝野橋の手前で弁財天洞窟跡へと着く。ここでは蛇行の跡が大きな入り江のようにして保存されている。

蛇行跡を遊歩道にした音無桜緑地。ヘアピンカーブの道が約200m続く

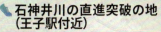

⑳玉川上水
「奇跡の地形」が可能にした江戸の上水道

玉川上水は、江戸に幕府が開かれて50年目の1653年に、奥多摩渓谷の入口にあたる多摩川の羽村堰（標高126メートル）から、江戸市中の四谷大木戸（標高34メートル）まで、43キロにわたって建設された上水道である。

なぜこれほど大規模な上水路を造ったのかは「江戸の町の人口増により神田上水だけでは足りなくなったため」と説明されている場合が多い。それも確かだが、ここでは江戸の特異な地理的条件に注目しておきたい。江戸が他の大都市、たとえば京都とは決定的に異なるのは、井戸事情である。京都の町は盆地に位置し、3メートルも井戸を掘れば清らかな水を得ることができた。江戸では、日本橋など下町低地の場合、数メートル井戸を掘って出てくるのは海水が混じった塩水となってしまう。飲料水として使えないのである。

現代の感覚からいえば、すぐ近くの隅田川（江戸時代の名称は大川など）から上水道を引けばいいと思うかもしれない。江戸城から隅田川は2キロほどしか離れていない。ところが隅田川は江戸市中より標高の低い所を流れているので、動力ポンプのない時代、川から取水して市中に行きわたらせることができない。また満潮時に海水が遡ってくるので、生活用水として使えない。

隅田川を上流に向かい、埼玉県との県境、赤羽付近からなら市中に水を引けるかというと、この地点でも河川敷は標高が2メートルほどしかない。大名藩邸の多い四谷付近など、標高が30メートルもあるので、ここからでも上水道を引くことは不可能である。

奥多摩の山々から流れ出す多摩川なら、どこか十分に標高が高い場所まで遡れば、水源として利用できる。なるべく江戸市中の近くで取水すれば工事は簡単だが、下流に行きすぎると標高が低すぎてしまう。当時の江戸郊外である世田谷区二子玉川付近まで遡ればよさそうにも思うが、この付近でも多摩川は標高5メートルほどしかなく、江戸市中まで水

羽村堰で取水した直後の玉川上水。水量が多い

四谷大木戸にある玉川上水の碑。重要なインフラだった割に簡素だ

荒川
新座
赤羽
王子
田柄分水
千川上水（用水）
練馬
池袋
上井草
むらさき橋
吉祥寺
三鷹
多摩郡六ヶ村分水
上野
関口（神田上水取水堰）
井の頭公園（神田上水源流）
神田上水助水
新宿
四谷大木戸
武蔵境
久我山
高井戸
半蔵門
東京
玉川上水
仙川分水
烏山村分水
原宿村分水
桜上水（駅）
渋谷
三田上水（用水）
千歳船橋
深大寺用水
目黒
品川
品川用水
学芸大学
武蔵小山
多摩川
二子玉川

MAP◆玉川上水と主な分水
山口貯水池（狭山湖）
所沢
村山貯水池（多摩湖）
東村山浄水場
羽村取水堰
米軍横田基地
立川断層越え
残堀川越え
玉川上水（駅）
小平監視所
野火止用水
大沼田新田分水
多摩川
福生
殿ヶ谷新田分水
小川村分水
水喰土公園
拝島
玉川上水
砂川村分水
野中新田分水
田無村分水
国分寺
拝島村分水
立川
国立
多摩川上流水再生センター
平兵衛新田分水
中藤新田分水
柴崎村分水
青柳
恋ヶ窪分水
下小金井新田分水
国分寺村分水
八王子
梶野新田分水

を引くことなどとうていできない。

建設にあたり、やはり取水口とコース選定には苦労している。最初は甲州街道が多摩川を渡る付近、現在の日野市青柳の地を取水口に定め工事を始めた。ここなら標高40メートルあり、うまく造れば江戸市中へ水を流していける。ところが途中まで造った段階で試験的に水を通してみると、地形の高低が激しいため、水がうまく流れていかなかった。

次にさらに上流の現在の福生《ふっさ》市付近を取水口としてみた。ある程度掘り進んだところで試しに通水してみると、途中まで順調に流れたものの、ある場所に来るとみるみるうちに水がなくなってしまう。水がしみ込みやすい土だったようで、その場所やそうした土壌は「水喰らい土」と呼ばれるようになった。拝島駅北方、八高線と青梅線に挟まれた当時の堀跡と伝えられる場所が水喰《みずくらい》土《ど》公園として整備されている。

こうしてまたさらに上流に取水口を探すこととなり、現在の羽村堰部分が取水口として選ばれた。多摩川の河口からは67キロも遡った標高は126メートルの地点である。

ここは地形的には、とても恵まれた場所だった。第一の利点は、多摩川が右側に大きく曲がっていることである。水の流れは、カーブの内側より外側の方が速い。外側部分、ここでは下流を向いて左岸、江戸の町がある側に、水を勢いよく取り込むことができる。

もう一つの利点が、ここから都心までの地形である。東京都の地形を概略すれば、西側が山間部で標高が高く、東に行けば行くほど低くなる。それに加えて東西に伸びる背骨のような存在が挙げられる。背骨は東京都を北と南とに分ける尾根筋にあたる。この尾根筋は途中で上ったり下ったりという凸凹が少なく、背骨の西側から水を流せば、背骨に沿って途中で滞ることなく東へと流れていく。まさに水路を建設するには最高の地形となっている。

中心となる背骨の東端が、皇居の半蔵門地点である。そこから逆に西へ向かって辿ってみると、四谷の喰違見附から四谷大木戸、新宿駅南口を経て甲州街道に沿って伸び、京王線桜上水駅付近からは北西に向きを変えて三鷹駅地点で中央線を斜めに横切り、西武拝島線玉川上水駅前まで続いている。玉川上水は、四谷大木戸から玉川上水駅までの区間（30キロ以上）、この尾根筋に忠実に作られている。全コースの四分の三ほどがこの尾根筋にコース取りしていることになる。

武蔵砂川駅付近の玉川上水。小平監視所より上流なので水量もやや多い

地理的に示せば、四谷大木戸付近から三鷹駅までは目黒川・渋谷川水系と神田川水系との分水界、三鷹駅から玉川上水駅までは多摩川水系と石神井川・隅田川水系との分水界となる。上流部、玉川上水駅付近から羽村堰までの区間

では、尾根伝いではない台地上を行く。

幕府から工事を請け負ったのが、玉川庄右衛門・清右衛門の玉川兄弟だった。測量の道具といえば、角材に敷居の溝のようなものを掘りそこへ水を入れて水平を測ったり、板から糸を垂らして土地の傾斜を測ったりする程度のものである。夜間、提灯や線香の束を目印にして標高差を計測したとの話も伝わっている。そうして測量した後、工区を分けて一度に大量の工夫を動員して建造した。当時の土木技術では難工事ではあるのだが、この尾根筋がアップダウンの少ないことが幸いしたようで、約7か月で完成したとされている。

多摩川からの取水口はどうなっているだろうか。羽村付近の地形は河岸段丘をなし、その一番下に多摩川の流れがある。玉川上水はそこから段丘上の台地にまで上る必要がある。近代的技術があれば、多摩川に直角に、段丘の下を抜ける水路トンネルを掘ってしまいたいところである。地図で検討してみると、羽村取水口から現在の米軍横田基地東側付近まで、長さ約5キロの水路トンネルを貫通させられれば、この河岸段丘を越えられる。

当時はそれが不可能なので、この時取った作戦は、河岸段丘を斜めに長い距離をかけて相対的に上っていくことだった。取水口で多摩川と別れた後、JR青梅線拝島駅付近まで多摩川とほぼ並行して進みながら、多摩川より緩やかな下り勾配となるコースを取っている。拝島駅付近では、多摩川の標高が羽村堰より27メートル下がって標高99メートルなの

小平監視所のすぐ下流の玉川上水。水量が少なくなった

太宰治が入水自殺したむらさき橋付近の玉川上水

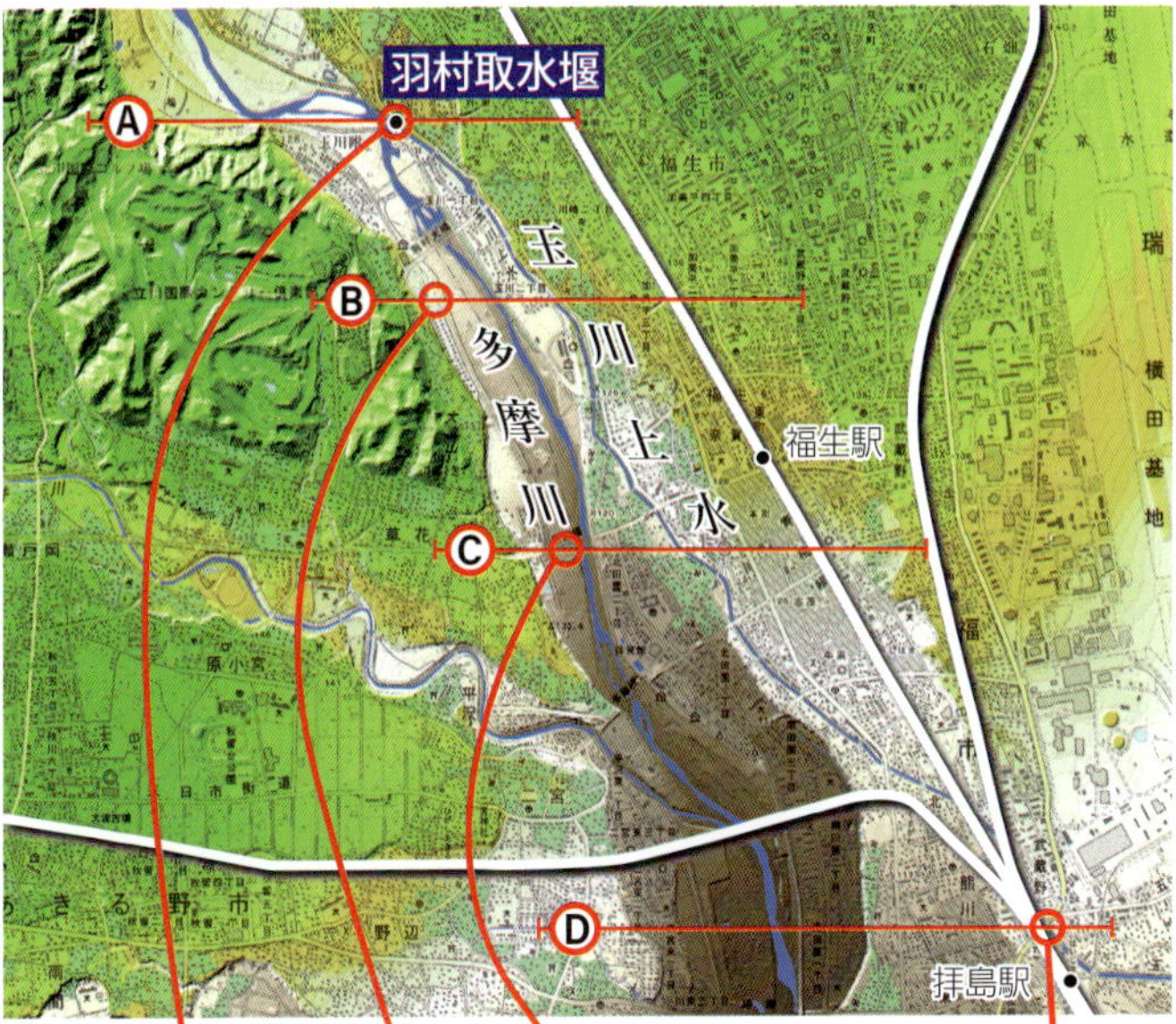

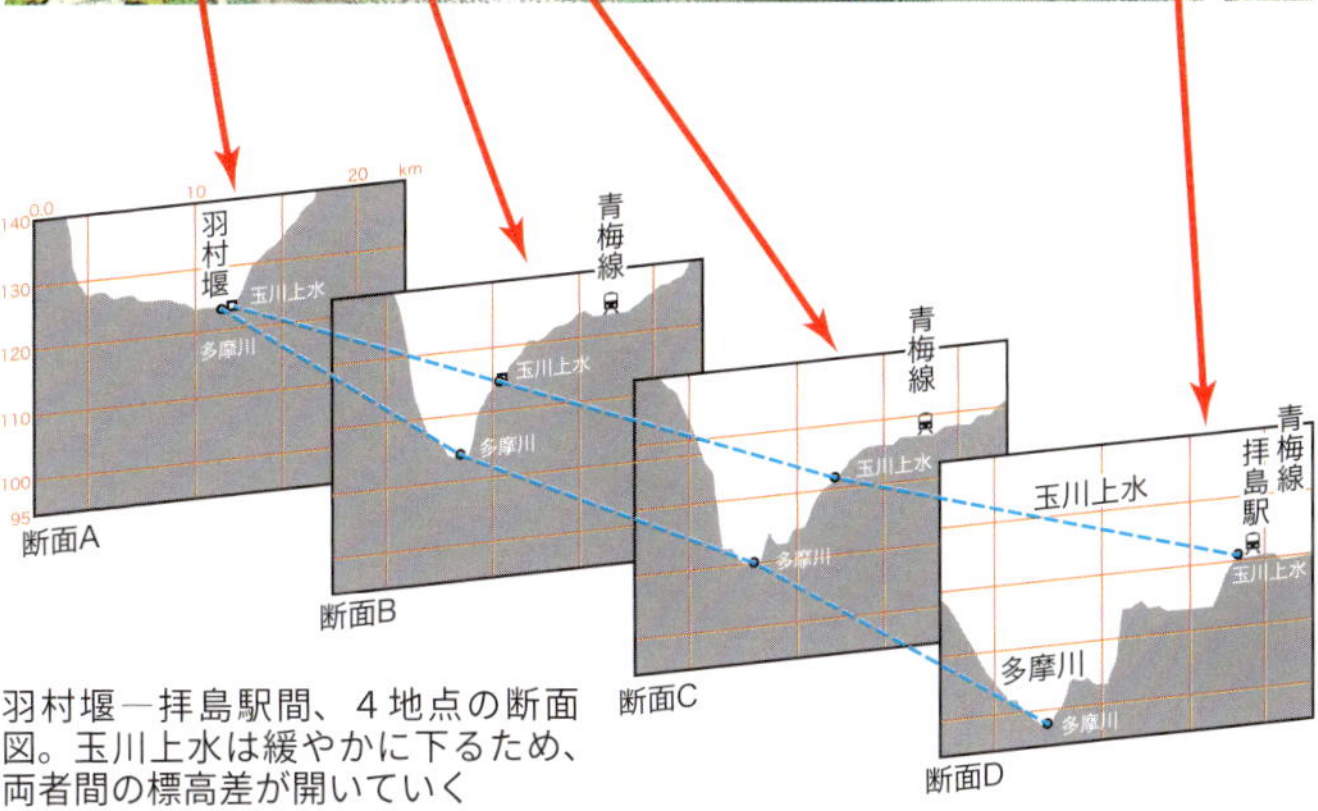

羽村堰—拝島駅間、４地点の断面図。玉川上水は緩やかに下るため、両者間の標高差が開いていく

に対し、玉川上水の標高は、まだ120メートルある。ここまで取水口から5キロで、玉川上水は6メートルしか下っていず、多摩川とは約20メートルもの標高差がついた。

段丘上の台地も下流方向に向けて低くなっていくが、玉川上水は、台地が低くなっていくのより緩い勾配を保ち続けている。そのため、玉川上水が台地へと上っていく形となる。拝島駅南方で玉川上水は完全に段丘上に至る。

拝島駅の東西自由通路からは、ガラス越し正面に段丘下の多摩川方面を見下ろせる。その背中側、駅をはさんで反対側、すぐ近くを玉川上水が流れている。玉川上水は崖上の駅と同じレベルを流れている。ここに立つと当時の技術の粋を目の当たりにする感がある。

現在玉川上水は、羽村堰から杉並区の久我山付近まで約31キロの区間が地上に残り、そこから終点の四谷大木戸までは、埋められたり暗渠になったりして地上からは消滅している。

上流部、拝島駅付近などでは、水深1～2メートルはありそうなほどの水が流れているが、中流部、三鷹駅付近や井の頭公園付近では、人の膝下くらいの深さの水しか流れていない。現在水はどこから来てどこへ向かっているのだろうか。

羽村堰で取り入れられた多摩川の水は、まず西武拝島線玉川上水駅近くの小平監視所まで流れていく。ここまでの流れは、江戸時代と同じである（一部の水は羽村堰から玉川上水を500メートルほど流れた後、地下水路で村山貯水池へ導かれる）。ところが小平監視所から先、ここまで流れていた水は下流へと行くことなく、地下の水道管で東村山浄水場へ導かれてしまう。そこで浄水され都民の水道水となっていく。玉川上水の水が都民の飲料水になることでは江戸時代と同じだが、ずいぶんとその経路が異なっている。

水がよそへ行ってしまった形の小平監視所から下流はどうだろうか。八高線拝島―小宮間の多摩川鉄橋付近に多摩川上流水再生センターがある。ここで高度処理された下水の一部が地下の水道管で小平監視所へ送られ、ここから玉川上水へと流されている。処理されたとはいうものの、上水ならぬ下水が流れているわけである。こちらの放水量は、万一子どもが落ちても溺れない程度として管理されている。

小平監視所から下流、途中で土にしみ込んでしだいに水量を減らしながら、玉川上水は久我山1丁目で中央自動車道の真下の地下に潜ってしまい、この先北に向きを変えて、環八通りの下を通り、京王井の頭線高井戸駅前で神田川へ吐き出されている。

昭和40年、新宿西口近くにあった淀橋浄水場が閉鎖され、玉川上水からの送水が停止になるまで、三鷹付近の玉川上水には、現在の水量の数十倍の水が流されていた。作家の太宰治が、むらさき橋付近（三鷹駅のやや下流）で玉川上水に投身自殺したのは昭和23年で、

立川断層越え

西武拝島線武蔵砂川駅付近から、玉川上水沿いに下流へと歩いてみよう。同駅付近では、玉川上水は、周囲の土地とほぼ同じ高さの場所を流れているが、400メートルほど下流、流れが右にカーブする付近から、玉川上水は、しだいに右手の土地より高い位置を流れるようになる。左側の土地は、流れとほぼ同じ高さである。この左右の土地の段差が立川断層と呼ばれ、ここで玉川上水は300メートルほど、ほぼ断層上を流れながら越えていく。

東京都水道局小平監視所

西武拝島線玉川上水駅近くにあり、ここで本文で述べた水の入れ替えが行われる。下流側に玉川上水の水辺まで下りられる場所がある。

玉川上水が左側、断層上を流れている

小平監視所。ここで落ち葉が除去され流れは地下へ潜る

羽村堰

多摩川本流に流れを遮る堰があり、その脇に取水門がある。現在の取水門は、明治33年建設、五連の煉瓦アーチ水門や同四連の余水吐門など、近代化遺産としても価値が高い。JR青梅線羽村駅から徒歩10分。ここから玉川上水沿いの道を歩くと、右手多摩川側の土地が次第に低くなっていき、丘陵を登っているような錯覚さえ感じる。

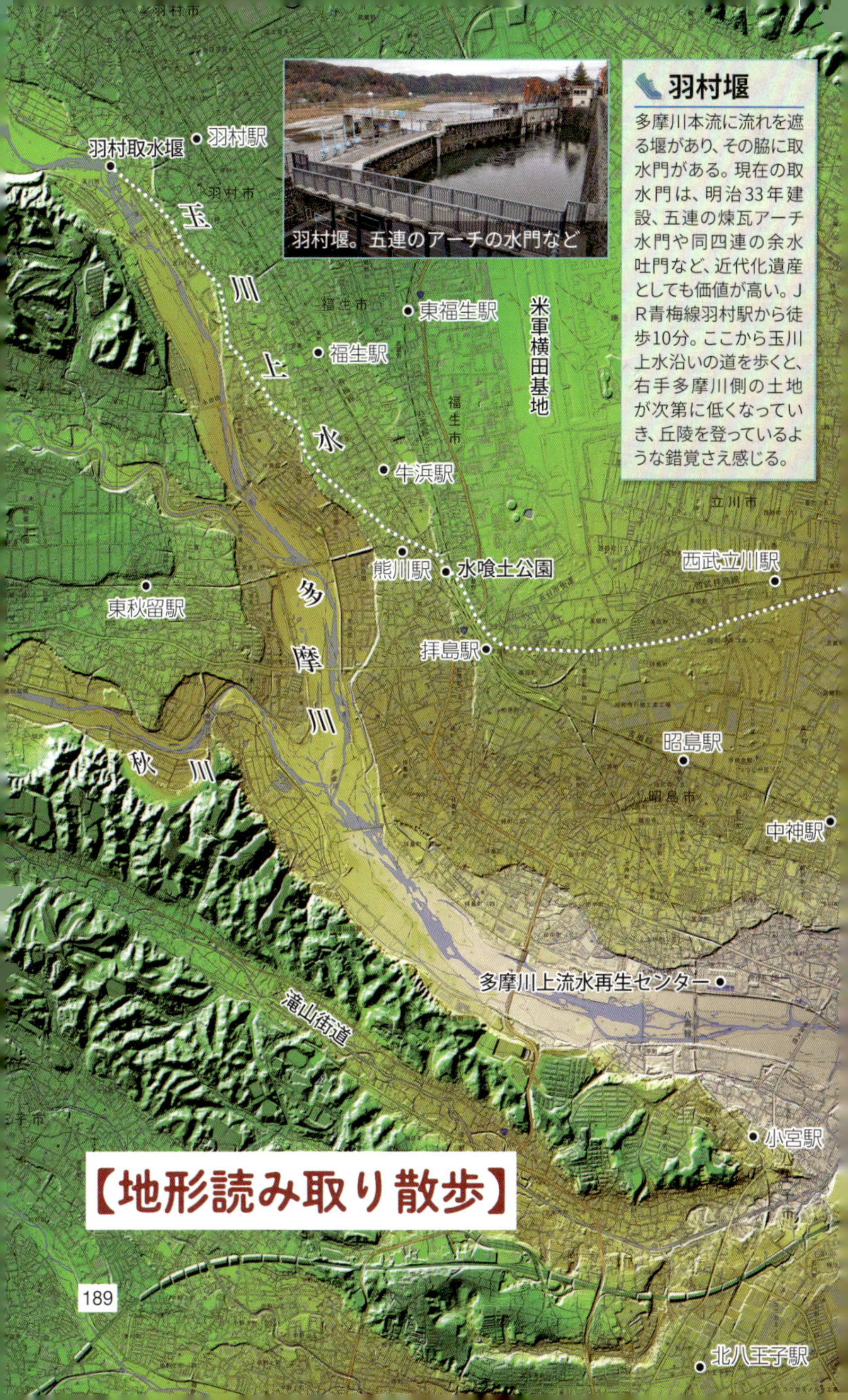

羽村堰。五連のアーチの水門など

【地形読み取り散歩】

当時はまだ轟々と水が流れていた。この付近では両岸が切り立ち、濡れるとすべる赤土で落ちたら登りにくく、当時「人喰い川」とも呼ばれていた。

送水停止後、三鷹付近など小平監視所から下流の玉川上水は涸れたまま打ち捨てられたような様相だったが、昭和61年、都による清流復活事業で、流れが取り戻された。

江戸時代、四谷大木戸まで地面の上を流れてきた玉川上水の水は、そこから先、地下に網の目のように敷設された木製や石製の樋を経て、市中に行きわたっていった。すべてに滞りなく水が流れるためには、元の部分で高い水圧（標高）が必要になる。四谷大木戸（標高34メートル）から先、最も遠い江戸市中の霊巌島《れいがんじま》（中央区新川）までの樋の距離は約7・5キロ。その平均勾配は4・57‰《パーミル》（水平距離1000メートルで4・57メートル下がる）で、玉川上水（羽村堰―四谷大木戸）の平均勾配である2・14‰よりはるかに急である。急だということは、水を勢いよく流せるわけで、市中すみずみまで水を供給するためには、最も重要なことだった。

先行して作られた神田上水では、関口の取水口の標高は約9メートルしかなく、そこから先の市中への平均勾配は1‰程度しかとれなかった。玉川上水は、まさに圧倒的に能力の高いインフラとして江戸市民の前に登場した。それを可能にさせたのは、奇跡のような武蔵野台地の地形であり、それを活用した技術者だった。

参考文献

貝塚爽平『東京の自然史』講談社学術文庫　2011年
鈴木理生『江戸・東京の川と水辺の事典』柏書房　2003年
今尾恵介監修『太陽の地図帖　東京凸凹地形案内』平凡社　2012年
皆川典久『凹凸を楽しむ　東京「スリバチ」地形散歩』洋泉社　2012年
法政大学エコ地域デザイン研究所編『外濠　江戸東京の水回廊』鹿島出版会　2012年
田原光泰『「春の小川」はなぜ消えたか』之潮　2011年
菅原健二『川の地図辞典　江戸・東京／23区編』之潮　2007年
松田磐余『江戸・東京地形学散歩　増補改訂版』之潮　2009年
岡崎清記『今昔　江戸東京の坂』日本交通公社出版事業局　1981年
杉本智彦『改訂新版　カシミール3D入門編』実業之日本社　2010年
御厨　貴『権力の館を歩く』毎日新聞社　2010年
竹内正浩『カラー版 重ね地図で愉しむ江戸東京「高低差」の秘密』宝島社新書　2019年
内田宗治『明治大正凸凹地図 東京散歩』実業之日本社　2015年
内田宗治「豪雨の「水没リスク」、都内地下駅の対策は?」東洋経済オンライン　2018年

著者

内田宗治　（うちだ　むねはる）

地形散歩ライター、フリーライター。1957年東京生まれ。実業之日本社で旅行ガイドブックシリーズ編集長などを経てフリーに。旅と散歩、鉄道、自然災害、産業遺産に関するテーマで主に執筆。

廃線跡歩きと廃川（はいせん）跡歩き、「歩き鉄」（歴史ある路線沿いを歩き尽くす）を実践中。

主な著書に『地形で解ける！東京の街の秘密50』、『地形を感じる駅名の秘密　東京周辺』、『地形と地理で解ける！東京の秘密33　多摩・武蔵野編』、『明治大正凸凹地図東京散歩』（以上実業之日本社）、『外国人が見た日本　「誤解」と「再発見」の観光150年史』『東京鉄道遺産100選』（以上中公新書）、『関東大震災と鉄道』（新潮社）など。

装丁：杉本欣右
編集・地図制作：磯部祥行（実業之日本社）
図版制作（p118、168、185）：オムデザイン

じっぴコンパクト新書　367

JIPPI Compact

カラー版
「水《みず》」が教《おし》えてくれる東京《とうきょう》の微《び》地《ち》形《けい》の秘密《ひみつ》

2019年7月10日　初版第1刷発行

著　者……………………内田宗治
発行者……………………岩野裕一
発行所……………………株式会社実業之日本社
〒107-0062 東京都港区南青山5-4-30
CoSTUME NATIONAL Aoyama Complex 2F
電話（編集）03-6809-0452
（販売）03-6809-0495
http://www.j-n.co.jp/
DTP……………………株式会社千秋社
印刷・製本……………大日本印刷株式会社

ISBN978-4-408-33869-9（第一趣味）